职业教育课程改革创新示范精品教材

中式烹调技艺

主　编　吴永强　赵学斌　王　茂
副主编　吴茂叶　马燕勤　刘再容
参　编　张泽容　何中凡　任云霞　王堂祥

北京理工大学出版社
BEIJING INSTITUTE OF TECHNOLOGY PRESS

内容简介

本书从初学者的角度出发，系统介绍了中式烹调的相关技艺，帮助学生更好地掌握中式烹调的核心技能，了解不同技艺在中式烹调中的作用。本书采用项目任务式结构，共包含八个项目，内容涵盖刀工技术、鲜活原料的选料与初加工、干货原料的选料与涨发、原料的预制加工，以及烹饪勺工、初步熟处理与制汤、火候与调味、菜肴装盘工艺。

本书可作为中职学校烹饪专业和各类烹饪培训机构的教材，也可作为广大烹饪爱好者的参考用书。

图书在版编目（CIP）数据

中式烹调技艺 / 吴永强，赵学斌，王茂主编 . -- 北京 : 北京理工大学出版社，2021.11

ISBN 978-7-5763-0143-4

Ⅰ. ①中… Ⅱ. ①吴… ②赵… ③王… Ⅲ. ①中式菜肴 - 烹饪 Ⅳ. ①TS972.117

中国版本图书馆 CIP 数据核字（2021）第 262234 号

出版发行 / 北京理工大学出版社有限责任公司
社　　址 / 北京市海淀区中关村南大街 5 号
邮　　编 / 100081
电　　话 /（010）68914775（总编室）
　　　　　（010）82562903（教材售后服务热线）
　　　　　（010）68944723（其他图书服务热线）
网　　址 / http://www.bitpress.com.cn
经　　销 / 全国各地新华书店
印　　刷 / 定州市新华印刷有限公司
开　　本 / 889 毫米 ×1194 毫米　1/16
印　　张 / 11.5
字　　数 / 230 千字
版　　次 / 2021 年 11 月第 1 版　2021 年 11 月第 1 次印刷
定　　价 / 44.00 元

责任编辑 / 徐艳君
文案编辑 / 徐艳君
责任校对 / 周瑞红
责任印制 / 边心超

图书出现印装质量问题，请拨打售后服务热线，本社负责调换

前言

PREFACE

目前，社会对烹饪人才的需求越来越大，要求越来越高。为了帮助学生更好地掌握中式烹调的基础知识和基本技能，为学生的未来发展打下坚实的技能基础，编者在充分调研各兄弟学校烹饪教学改革情况的基础上，结合自身丰富的教学经验，在多位一线烹饪名师的协助下编写了本书。本书具有以下特点：

1. 内容贴合岗位。本书是在中餐烹饪行业一线业务骨干提炼的典型岗位工作任务的基础上，参照中式烹调师职业资格标准，结合专业教师丰富的教学和实践经验编写而成的。

2. 符合时代发展。为了充分体现本书的先进性和科学性，本书适当地介绍了餐饮行业广泛运用的新原料、新工艺、新技术、新设备、新理念，以体现出时代特色和前瞻性。

3. 图形真人示范。书中有关制作过程、原料处理等内容，由经验丰富的一线名厨示范，直观形象，保证了技术的规范。

本书由吴永强、赵学斌、王茂担任主编，在编写过程中，编者参阅了部分同类图书，广泛听取了行业、一线教师的意见，在此表示感谢。

由于编者水平有限，不足之处在所难免，请广大读者批评指正。

目录
CONTENTS

项目一　刀工技术

任务一　认识刀工器具…………………………………………………………… 2
任务二　掌握刀工的基本操作…………………………………………………… 9
任务三　掌握直刀法……………………………………………………………12
任务四　掌握平刀法……………………………………………………………19
任务五　掌握斜刀法……………………………………………………………23
任务六　掌握剞刀法……………………………………………………………25

项目二　鲜活原料的选料与初加工

任务一　熟悉鲜活原料选用与初加工的基本原则………………………………36
任务二　果蔬类的初加工…………………………………………………………38
任务三　禽类的初加工……………………………………………………………45
任务四　水产品的初加工…………………………………………………………50
任务五　家畜内脏、四肢及头尾的初加工………………………………………59

项目三　干货原料的选料与涨发

任务一　了解干货原料涨发的基本原理与要求…………………………………66
任务二　水发………………………………………………………………………69
任务三　碱发………………………………………………………………………74
任务四　油发、盐发及其他涨发…………………………………………………77

项目四　原料的预制加工

任务一　上浆和挂糊………………………………………………………………82
任务二　上浆技法…………………………………………………………………86

任务三　挂糊技法……91
任务四　勾芡技法……95

项目五　烹饪勺工

任务一　旋锅……108
任务二　小翻锅法……111
任务三　大翻锅法……113
任务四　后翻、左翻与右翻锅法……115
任务五　手勺并用与翻锅……118

项目六　初步熟处理与制汤

任务一　焯水……122
任务二　过油……126
任务三　走红……131
任务四　汽蒸……135
任务五　制汤……138

项目七　火候与调味

任务一　火候的识别与应用……144
任务二　菜肴的调味……150

项目八　菜肴装盘工艺

任务一　菜肴的盛装器皿与装盘方法……164
任务二　菜肴装饰……168

参考文献

项目一　刀工技术

任务一 认识刀工器具

【知识目标】

1. 掌握常用刀具的种类与特点。
2. 掌握刀具的保养方法。
3. 掌握砧板的种类与保养方法。

【能力目标】

1. 能按照要求进行刀具的磨制。
2. 能正确保养刀具。
3. 会规范使用和保养砧板。

【素养目标】

1. 爱护公物。
2. 合理规整刀具和砧板。

刀工是运用刀具对原料进行切割，以达到菜肴制作要求的加工过程。

从原料的清理加工到分割原料加工都离不开刀工，如对鸡的宰杀、对猪胴体的分割等，都是通过刀工来实现的。本书所指的刀工是指对完整的烹饪原料进行分割，使之成为组配菜肴所需要的基本料形。刀工是烹饪工作者手工工艺中的重要的基本功之一。在原料刀工处理过程中，刀具的好坏以及刀具的使用是否得当，都将直接影响菜肴的质量。

原料经过刀工处理成一定形状后，不仅具有了美观的形体，更重要的是为制熟加工提供了方便，为实现原料的最佳成熟度提供了前提条件，也为人们的食用提供了方便。

一、刀具的种类及使用

为了适应不同种类原料的加工要求，烹饪工作者必须掌握各类刀具的性能和用途，选择相应的刀具，才能保证原料成型后的规格和要求。刀具的种类很多，形状和功能各异。

刀具按形状分可分为方头刀、圆头刀、马头刀、尖头刀等；按用途分可分为批刀、切刀、斩刀、前切后斩刀等。无论是以形状分类，还是以用途分类，就一把刀而言，其形状与用途应该是统一的。

下面介绍几种常用的刀具。

1. 前切后斩刀

前切后斩刀呈长方形，刀身前高后低，刀刃前平薄而锋利，近似切刀，后略厚而稍有弧度且较钝，近似砍刀（图 1–1）。此刀具用途较广，既具有批刀、切刀的功能，能够批切；又具有斩刀的功能，能够斩制原料（但不能斩太大、太硬的原料）。正因为此刀具有多种功能，所以又称文武刀。

2. 片刀

片刀的重量较轻，刀身薄，刀刃锋利（图 1–2）。其适合将无骨无冻的动物、植物性原料加工成片、丝、条、丁等基本形状。其材质现多为不锈钢。根据用途，片刀又分为刀宽薄、刃平直的干丝片刀，刀窄而刃呈弓形的羊肉片刀，刀窄而刃平直的烤鸭片刀等。

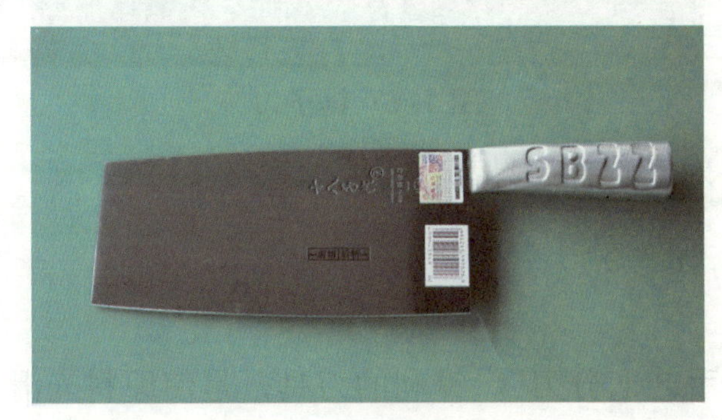

图 1–1　前切后斩刀

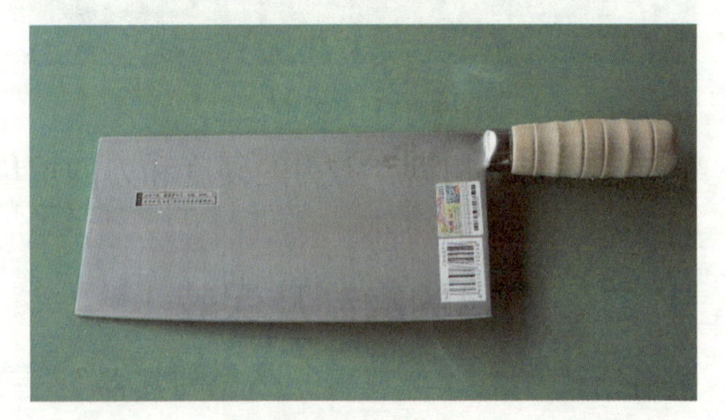

图 1–2　片刀

3. 切刀

切刀的形状与批刀相似，但刀身比批刀略厚，也略重一些（图 1–3）。其适合将无骨无冻的原料加工成丝、条等形状，又能加工略带碎小骨或质地稍硬的原料，如螃蟹等。

4. 斧形刀

斧形刀形如斧头，但比斧头宽、薄。在刀具中，斧形刀的重量最重，有 1000 ~ 2000 克，专用于砍剁大骨头（图 1–4）。

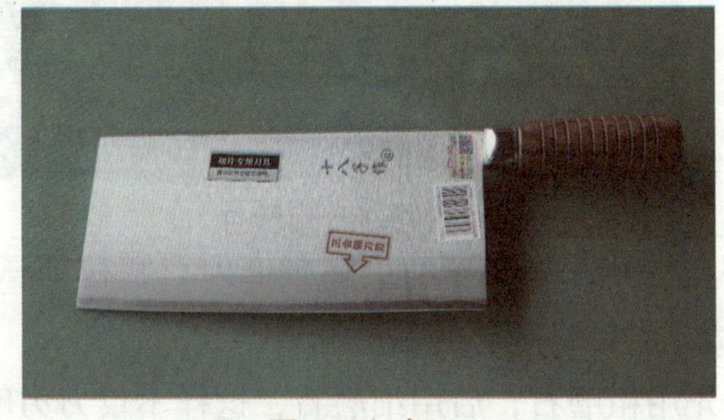

图 1–3　切刀

图 1–4　斧形刀

5. 尖刀

尖刀（图 1–5）刀形前尖后宽，重量较轻，多用于剖鱼和剔骨。这种刀是从西餐烹饪刀具引进的，在制作西餐菜肴中使用较多。

6. 镊子刀

镊子刀刀身的前部分为刀，呈三角形；后部分为镊子，也是刀柄部分（图 1–6）。它主要用于对原料进行初加工，刀可用于削、剖、刮、剜等加工，镊子用于夹镊猪、鸡等畜禽的毛。

图 1–5　尖刀

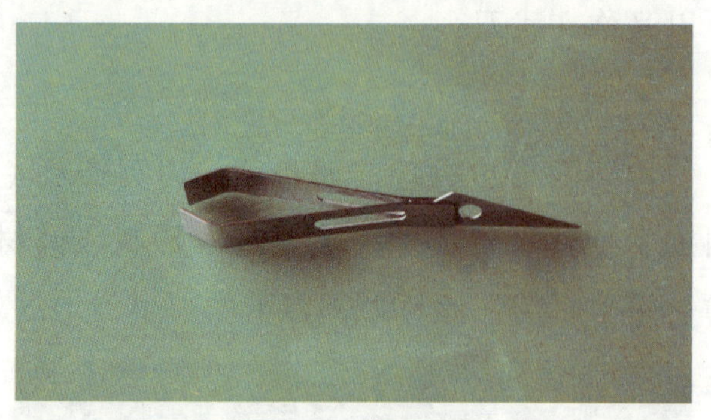

图 1–6　镊子刀

除了刀形及用途，刀刃的硬度和刀的重量，对于选择刀具都有重要的意义。

二、刀具的磨制及保养

俗话说“工欲善其事，必先利其器”“三分手艺七分刀”。锋利的刀具，是使原料光滑、完整、美观的根本保证，也是保证操作者刀工操作多快好省的重要条件之一。刀刃的锋利是通过磨刀及科学的保养来实现的。

（一）磨刀石的种类及用途

磨刀石是磨刀的用具，一般呈长条形，规格不等，常用的有粗磨石、细磨石和油石。

1. 粗磨石

粗磨石（图 1–7）是用天然黄砂石料凿成的，一般长约 35 厘米，厚约 12 厘米。这种磨刀石颗粒粗，质地松而硬，常用于新刀开刃或磨有缺口的刀具。

图 1–7　粗磨石

2. 细磨石

细磨石（图 1–8）是用天然青砂石料凿成的，形状类似粗磨石。这种磨刀石颗粒细腻，质地坚实，能将刀磨快而不伤刀刃，应用较为广泛。

一般要求粗磨石和细磨石结合使用，磨刀时先用粗磨石，后用细磨石，这样不仅刀刃磨得锋利，而且能缩短磨刀的时间，延长刀具的使用寿命。

3. 油石

油石（图 1-9）属于人工磨刀石，采用金刚砂人工合成，成本较高，粗细皆有，品种较多，一般用于磨砺硬度较高的工业刀具。烹饪用刀应以油石的粗细选用磨砺的方法。

图 1-8 细磨石

图 1-9 油石

（二）磨刀

1. 准备工作

磨刀前先要把刀面上的油污擦洗干净，以免磨刀时打滑伤手或影响磨刀速度，然后将磨刀石放于磨刀架或案板上。磨刀架以磨刀者身高的一半为宜，磨刀石以前面略低，后面略高为宜。在磨刀石旁最好再准备一盆温盐水，这样既可以加快磨刀的速度，也可以使刀具磨好后锋利耐用。

2. 磨刀的姿势

磨刀时要求两脚分开，一前一后，前腿略弓，后腿绷直，胸部略向前倾，收腹，右手持刀，左手按住刀面的前端，刀口向外，平放在磨刀石上（图 1-10）。

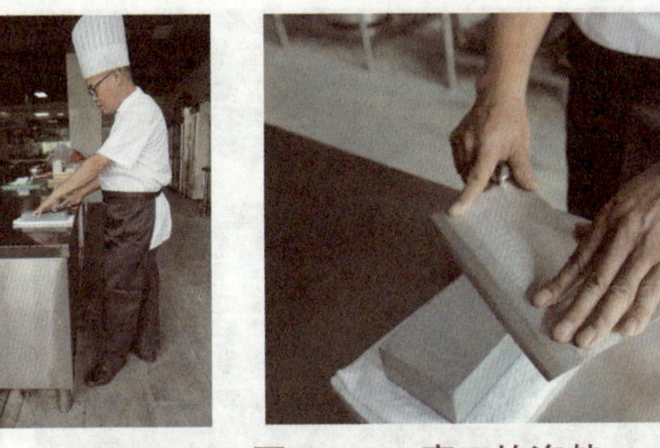

图 1-10 磨刀的姿势

3. 磨刀的方法

（1）平磨（图 1-11）

磨刀石用水浸湿、浸透，刀面上淋上水，刀身与刀石贴紧，推拉磨制，磨制时两面的磨制次数应相等。此种磨刀方法适合于磨制平薄的片刀，可以使刀面平滑的同时使刀刃锋利。

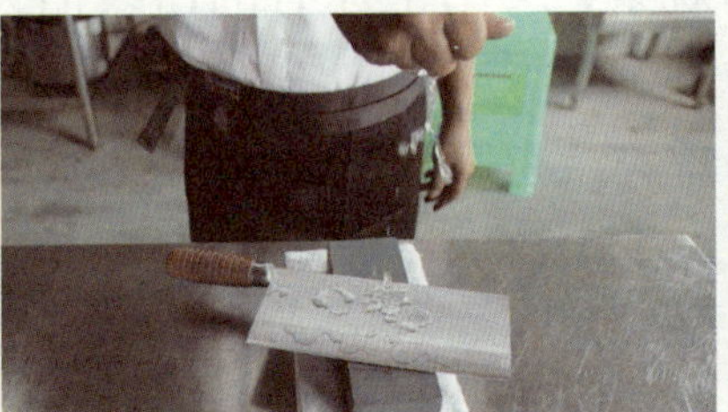

1-11 平磨

（2）翘磨（图 1-12）

磨刀石用水浸透，刀面上淋上水，刀身与刀石保持一定的锐角角度，推拉磨制。此种磨刀方法适合于磨制刀身厚重的砍刀或前切后斩刀的后半部分，可以直接对刀刃磨制而不磨及刀面。

图 1–12 翘磨

（3）平翘结合磨（图 1–13）

平翘结合磨是采用平推翘拉的磨刀方式。向前平推是对刀面的磨制，能保持刀面的平滑，平推时应至磨刀石的尽头；向后翘拉是直接磨制刀刃，但又不伤损刀刃，翘拉时应使刀面与磨刀石始终保持 3° ~ 5°，切不可忽高忽低。无论是平推还是翘拉，用力都要讲究平稳、均匀、一致。当磨刀石上起砂浆时，须淋水再继续磨制。此种磨刀方法具有平磨和翘磨的双重优点，适合于一般切削刀具的磨制。

图 1–13 平翘结合磨

4. 刀刃的检验

磨刀完毕后，应对刀刃进行如下鉴定才能视其为合格。

1）将刀刃朝上，放于眼前观察，刀刃上原有的白线消失，或者用原料试锋时有滞涩的感觉。

2）刀具两面平滑，无卷口现象。

3）刀面平整无锈迹，两侧重量均等，无摇头现象。

4）刀背及握手的侧面如有刃口，应用粗磨石磨圆，防止操作时割破手。

5. 磨刀时常见问题及其原因

1）偏锋。磨刀时两面用力轻重不一、磨制次数不均，导致刀锋偏向一侧。

2）毛口。角度不对，刀刃磨制过度，呈锯齿状或翻卷状。

3）罗汉肚。刀刃前、中、后磨制次数不均，刀中部磨制次数偏少，前、后磨制次数偏多，刀身中腰呈大肚状突出。

4）月牙口。刀刃前、中、后磨制次数不均，刀中部磨制次数偏多，前、后磨制次数偏少，或中间磨制时用力过重，刀刃向内呈弧度凹进。

5）圆锋。用而不磨，膛刀过多，刀刃圆厚，久磨不利。

6）摇头。前厚后薄，重心不稳，主要因为前后刀刃磨制时的方法不对。

3. 刀具的保养

平时，刀具使用后必须用清洁的抹布擦去刀具上的污物及水分，特别是在加工盐、酸、碱含量较多的原料（如咸菜、榨菜、土豆、山药等）之后，更要擦拭干净，否则黏附在刀面上的物质容易与刀具发生化学反应，使刀具腐蚀，变色生锈。

刀具使用后应放在安全干燥的地方，这样既能防止生锈，又能避免刀刃损伤或伤及他人。

刀具磨制后需洗净擦干，如长时不用应擦上植物油且入套，或在刀具的表面涂上一层干淀粉，以防腐蚀生锈。另外，平时在使用刀具时应针对不同原料选择适合的刀具，不宜硬砍硬剁，以防刀刃出现人为的缺口或其他损伤。

三、砧板的选择、使用与保养

砧板又称菜板，是刀工处理原料时的衬垫工具。砧板质量的好坏关系到刀工技术能否正常发挥及原料成型后质量的高低。

1. 砧板的材质与选择

砧板的材质多种多样，有塑料、合成纤维、竹质、木质等，各种材质的砧板特点各不相同。

塑料砧板（图 1–14）比较容易清洗，但塑料碎屑容易在加工时混入原料，从而进入人体，对人体有一定的危害；又因塑料材质较硬，会对锋利的刃口产生一定的损坏，故烹饪行业中使用较少。

合成纤维是一种新型材质，合成纤维砧板（图 1–15）的特点与塑料砧板相似。

图 1–14 塑料砧板

图 1–15 合成纤维砧板

竹质砧板（图 1–16）是将竹子经过加工后压紧制作而成的，其形状可以是方的也可是圆的，可根据需要选择大小。它没有塑料砧板的缺点，但仍因材质较硬而易损伤刃口。

木质砧板（图 1–17）一般选用柳树、椴树、榆树、银杏树等树木的树干作为原料，这些树木质地坚实，木纹紧密、弹性好，不损刃口，其中以银杏树制作的砧板质量最好。用木质材料制作砧板，要求树皮完整，树心不空、不烂、不结疤；砧板的截面呈淡青色，颜色均匀，无花斑。

图 1–16 竹质砧板

图 1–17 木质砧板

2. 砧板的使用和保养

一般来说，新购买的砧板最好放入盐水中浸泡数天，或放入锅中加热煮透，使其中的树汁析出；同时使木质收缩、组织细密，从而结实耐用，以免干裂变形，影响刀工质量和砧板的使用寿命。

使用砧板时，应在砧板的整个平面均匀使用，以保持表面磨损均衡，否则，表面会凹凸不平，影响原料成型质量（表面不平，会产生连刀和切面不断现象）。另外在使用时，切忌在砧板上硬砍硬剁。

砧板使用完毕后，应将砧板表面的油污刮洗干净，晾干砧板，否则砧板易发霉变色，既不清洁，也会影响原料质量，但切忌在太阳下暴晒，以防干裂。如发现砧板表面凹凸不平，应及时修整、刨平。

任务二 掌握刀工的基本操作

【知识目标】

掌握握刀的正确手法。

【能力目标】

1. 能双手配合运刀。

2. 能根据自身情况调整砧板的高度与自身的位置。

【素养目标】

1. 勤学苦练。

2. 规范操作，预防不正确操作带来的职业病。

目前刀工还是以手工操作为主，具有一定的劳动强度，因此刀工的规范化直接关系到操作者的身体健康。为了防止腰肌劳损、梨状肌及肩周炎等职业病的发生，正确、规范的操作尤其重要。同时，刀工的操作规范化还可以提高工作效率，省时省力，也可以减少手指切伤等事故的发生。另外，刀工操作时，工具的卫生与否会对原料造成直接的影响。刀工的操作规范化具有下列内容。

一、刀工前准备

刀工前准备指刀工加工前对案板位置和应用工具陈放位置的调整与清洁工作。

1. 案板位置

案板位置是指刀工操作时工作台的位置，应以宽松无人碰撞为度。工作台应有调节高度的装置，可随操作者的身高调节，一般以操作者的腰高为宜。

2. 应用工具陈放位置

一般用于刀工加工的工具如刀具、砧板、杂料盛器、净料盛器、垃圾桶、抹布、水盆应陈放于工作台上，以方便、整齐、安全、卫生为度。

3. 清洁工作

刀工加工前应对手部及应用工具进行清洗杀菌消毒，特别是制作冷菜及不经加热烹调的菜肴更应如此。手部可用 75% 的酒精擦拭，应用工具可采用蒸汽或高锰酸钾溶液或沸水浸烫杀菌。案板与地面也应保持清洁。

 二、操作姿势

1. 站立姿势

双脚呈八字形，脚尖与肩齐，两腿直立，挺腰收腹，与案板距离约 10 厘米，双肩水平，双臂收拢，自然放松靠在腰部，双目正视，颈部自然微向前屈，重心垂直，如图 1–18 所示。

2. 握刀姿势

手心紧贴刀柄，小指与无名指屈起紧捏刀柄，中指屈起握刀箍，食指上端按住刀背，食指前端与拇指相对捏住刀身，如图 1–19 所示。

图 1–18　站立姿势

图 1–19　握刀姿势

三、运刀

运刀指刀的运动及双手的配合。运刀用力于腕肘，小臂作用于腕、掌，做弹性切割，匀速运行。

切制原料（图 1–20）时，一般左手按住原料，拇指与小指按住原料两侧，防止原料被切时松散；食指、中指与无名指靠拢按住原料上端，指尖微屈，中指前突于最外端，中指的第一关节抵住刀身，以控制刀距，并起安全防范作用；右手握刀要稳，切时用力要轻重一致，左手随刀的起落而均匀地向后移动，右手起刀的高度不超过左手中指的第一关节。

片制原料（图 1–21）时，左手拇指向上微翘，以防片制原料过程中被伤及，其余四指

伸平按于料面，食指调节进刀的厚度，且四指用力要均匀，否则会使加工出的原料厚薄不均匀，不利于片制加工。

图 1-20　切制原料

图 1-21　片制原料

实训1-1　空档运刀

1. 操作要求

双手配合，左手以废纸为原料，右手握刀，在砧板上左右手配合进行练习。

2. 注意事项

左手中指抵住刀面，右手由腕关节带动手掌，上下运刀。

任务三 掌握直刀法

【知识目标】

1. 掌握直刀法的种类。
2. 掌握直刀法的操作要领。

【能力目标】

1. 能根据原料种类，选择对应的直刀法。
2. 能按照要求，把原料切得薄厚均匀、粗细一致。

【素养目标】

1. 端正态度，练好基本功。
2. 规范操作，勤学多练。

一、切

切是直刀法中运动幅度最小的刀法，一般适用于无骨的原料。

操作方法：左手按稳原料，右手持刀，对准原料切下去。

适用原料：一般为脆性或质软的原料，如萝卜、黄瓜、茭白、豆腐、蛋糕、猪血、鸭血等。

由于原料性质及操作者运刀方法的不同，切可分为多种不同的刀法。

1. 直切

直切（图 1–22）又叫跳切，一般适用于加工脆性原料，如土豆、黄瓜、萝卜、茭白等。

操作方法：左手按住原料，右手持刀，用刀刃中前部对准原料被切部位，刀体垂直落下将原料切断。

操作要领：左右手配合要协调而有节奏，左手手指自然弯曲呈弓形按住原料，随刀的起伏自然向后移动。右手落刀距离以左手向后移动的距离为准，将刀紧贴着左手中指向下切。因此，左手每次向后移动的距离是否相等，是决定原料成型后是否整齐划一的关键。左右手的配合是一种连续而有节奏的运动。另外，下刀要垂直，用力要均匀，刀刃不能偏斜，否则会使原料形状厚薄不一，粗细不匀。

图 1–22 直切

2. 推切

推切（图 1–23）适用于加工各种韧性原料，如无骨的新鲜猪肉、羊肉、牛肉。通过推的方法可将韧性纤维切断。

操作方法：左手按住原料，用中指第一个关节顶住刀面；右手持刀，用刀刃的前部位对准原料，从右后方向左前方推切下去，直至原料断裂。

操作要领：左手按住原料不能滑动，否则原料成型不整齐。刀落下的同时，立即将刀向前推，一定要把原料一次切断，否则就会连刀。

3. 拉切

拉切（图 1–24）是与推切相对的一种刀法，与推切的适用范围基本相同，适宜加工各种韧性原料。重庆、四川、广东等地区的厨师习惯用推切法，而江苏、浙江、北京、山东等地的厨师习惯用拉切法。

操作方法：左手按住原料，用中指第一个关节顶住刀面，用刀刃后部对准原料的被切位置，刀体垂直而下，切入原料后立即从左前方向右后方切下去，直至原料断裂。

图 1–23 推切

图 1–24 拉切

操作要领：与推切基本相同。左手需按住原料，一次切断。

4. 锯切

锯切（图 1–25）适宜加工松软易碎的原料，如面包、熟肉等。有些质地较硬的原料也可用锯切，如火腿、羊肉片（因原料未完全解冻，质地较硬）。

操作方法：锯切是一种把推切与拉切连贯起来的刀法。先将刀向前推，然后再向后拉，这样一推一拉，像拉锯一样，直至切断原料。一般刀刃不离开原料。

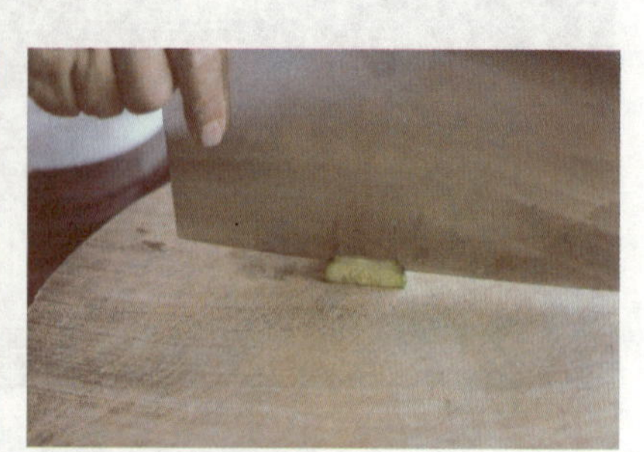

图 1–25 锯切

操作要领：如原料质地松散，则落刀不能过快，用力也不能过重，以免原料碎裂或变形。落刀要直，不能偏里或偏外，以免原料形状厚薄不一。

5. 铡切

铡切（图 1–26）适用于带壳、带细小骨头或形圆体小易滚动的原料，如熟蛋、蟹等。

操作方法：一种是右手握住刀柄，左手握住刀背的前端，两手平衡用力压切；另一种是右手握住刀柄，左手按住刀背前端，左右两手交替用力摇动。

图 1–26 铡切

操作要领：落刀位置要准，动作要快，刀刃要紧贴原料并不得移动，以保持原料形状整齐、刃口光滑，并不使原料内部汁液溢出。

6. 滚切

滚切（图 1–27）又称滚料切，主要用于把圆柱形、圆锥形原料加工成“滚料块”（习惯称为“滚刀块”）。

操作方法：右手握住刀柄，左手按住原料，每切一刀，将原料滚动一次。

图 1–27 滚切

操作要领：左手滚动的原料斜度要适中，右手紧跟原料的滚动以一定的角度切下去。加工同一种块形时，刀的角度基本保持一致，才能使加工后的原料形态整齐划一。

二、斩

斩又称剁，也是刀与砧板面或原料基本保持垂直运动的刀法，但是用力及幅度比切大。斩可分为排斩和直斩。

1. 排斩

排斩（图 1–28）是将无骨的原料制成泥蓉的一种刀法。为了提高工作效率，通常用两把刀同时操作。

操作方法：双手各持一把刀，两刀之间隔一定距离；两刀一上一下，从左到右，再从右到左，反复排斩，斩到一定程度时要翻动原料，直至将原料斩成细而均匀的泥蓉状。排斩也可用单刀操作。

图 1–28 排斩

操作要领： 双手握刀要灵活，要运用手腕的力量，刀的起落要有节奏，两刀不能互相碰撞；要勤翻原料，使其均匀细腻；如有粘刀现象，可将刀放在水里浸一浸再斩。

2. 直斩

直斩（图 1–29）又称直剁，适用于较硬或带骨的原料，如猪大排、鸡、鸭及略带冰冻的肉类等。

操作方法： 左手按住原料（也可不按），右手将刀对准要斩的部位，垂直用力斩下去。

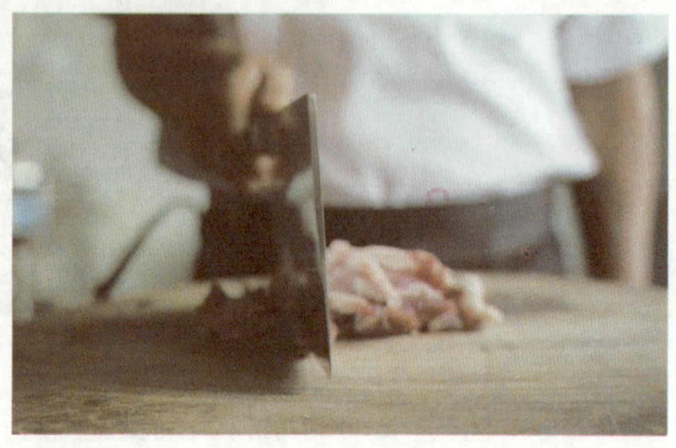

图 1–29 直斩

操作要领： 直斩必须准而有力，一刀斩到底，才能使斩切的原料整齐美观。如果一刀斩不断，再重复斩一刀，就很难对准原料的刀口，这样就会把原料斩得支离破碎，直接影响到菜肴质量。

 三、砍

砍又称劈，是直刀法中用力及幅度最大的一种刀法，一般用于加工质地坚硬或带大骨的原料。砍可分为直砍、跟刀砍等。

1. 直砍

直砍（图 1–30）一般适用于带大骨、硬骨的动物性原料或质地坚硬的冰冻原料，如带骨的猪肉、牛肉、羊肉，冰冻的肉类、鱼类等。

操作方法： 将刀对准原料要砍的部位，用力向下砍，将原料砍断。

图 1–30 直砍

操作要领：用力要稳、狠、准，力求一刀砍断原料，以免原料破碎。原料要放平稳，左手扶料应离落刀点远些。如果原料较小，落刀时左手应迅速离开，以防砍伤。

2. 跟刀砍

跟刀砍（图 1–31）适用于质地坚硬、骨大形圆或一次砍不断的原料，如猪头、大鱼头等。

操作方法：左手扶住原料，右手将刀刃对准要砍的部位先直砍一刀，让刀刃嵌进原料；然后左手扶住原料，随右手上下起落直到砍断原料。

图 1–31 跟刀砍

操作要领：刀刃一定要嵌进原料，左右两手起落的速度应保持一致，以保证用力砍时原料不脱落，否则容易发生砍空或伤手等事故。

实训1–2 直刀切练习

1. 原料选择

白萝卜、土豆、胡萝卜。

2. 成型要求

直切片，薄厚一致；直切丝，粗细一致。

3. 卫生要求

刀具、砧板清洗干净，实训后刀具归位。

四、直刀法常见错误动作分析

直刀法是刀工的基础，其规范动作养成可为后期刀工成型打下基础。直刀法常见错误有握刀手法、扶料姿势等。

1. 握刀手法

握刀要求是稳、准、狠，应牢而不死，硬而不僵，软而不虚。练到一定功夫，轻松自然，灵活自如。直刀法握刀要求手掌握住刀柄，大拇指与食指自然弯曲，扣紧刀背，其余三指握住刀柄，手腕轻松自如（图 1–32）。常见的错误握刀手法有食指压背、食指伸直、四指握刀柄的情况。

图 1-32 直刀法的正确握刀姿势

2. 扶料姿势

直刀法扶料姿势多数是五指合拢，自然弯曲呈弓形，中指指背第一关节凸出顶住刀面，后手掌及大拇指外侧紧贴砧板面或原料，起支撑作用（图 1-33）。常见的错误扶料姿势有食指靠前、无名指靠前、后手掌抬起等。

图 1-33 直刀法的正确扶料姿势

任务四　掌握平刀法

【知识目标】

1. 掌握平刀法的种类。
2. 掌握各种平刀法的操作要领。

【能力目标】

1. 能根据原料种类，选择对应的平刀法。
2. 能按照要求，把原料切得薄厚均匀，粗细一致。

【素养目标】

1. 端正态度，练好基本功。
2. 规范操作，勤学多练。

平刀法是刀面与砧板面或原料基本接近平行运动的一种刀法。其基本操作方法是将刀身平着向原料批进去而不是从上向下地切入，一般适合于将无骨原料加工成片的形状。平刀法可分为平刀批、推刀批、拉刀批、抖刀批、锯刀批、滚料批等。

一、平刀批

平刀批（图 1–34）又称平刀片，适用于将无骨的软性原料（如豆腐、鸡鸭血、肉皮冻、豆腐干等）批成片状。

图 1–34　平刀批

操作方法：左手轻轻按住原料，右手持刀，将刀身放平，使刀面与砧板面几乎平行，刀刃从原料的右侧批进，全刀着力，向左作平行运动，直到批断原料为止。从原料的底部、靠近砧板面的部位开始批，是下批法；从原料的上端一层层往下批，是上批法。

操作要领：如从底部批进，刀的前端要紧贴砧板面，刀的后端略微提高，以控制成型的厚薄；如从上端批进，应左手扶稳原料，刀身切忌忽高忽低。批进时，刀身要端平，刀刃进原料时不得向前或向后移动，以防止原料碎裂。

二、推刀批

推刀批（图 1–35）又称推刀片，适用于将脆性原料（如榨菜、土豆、冬笋、生姜等）批成片状。

操作方法：推刀批一般用上批法。左手扶住原料，右手持刀，将刀身放平，刀刃从原料右侧批进后立即向左前方推，直至批断原料。

操作要领：刀刃批进原料后，运行要快，一批到底，以保证原料平整。按住原料的左手，食指与中指应分开一些，以便观察原料的厚薄是否符合要求。

三、拉刀批

拉刀批（图 1–36）又称拉刀片，适用于将无骨韧性原料（如猪肉、鸡脯肉、鱼肉、猪肥膘肉等）批成片状。

操作方法：左手掌或手指按稳原料，右手放平刀身，刀刃与砧板面保持一定的距离（以原料成型后的厚薄为准），刀刃批进原料后立即向后拉，直至原料批断。

图 1–35 推刀批

图 1–36 拉刀批

操作要领：原料横截面的宽度应小于刀面的宽度，否则无法一次批断；如重复进刀，会使批下的片形表面产生锯齿状。另外，刀刃与砧板面的距离应保持不变，否则会使原料的成型厚薄不匀。

四、抖刀批

抖刀批（图 1–37）适用于将质地软弱的无骨或脆性原料（如蛋白糕、蛋黄糕、黄瓜、猪腰、豆腐干等）加工成波浪片或锯齿片。

操作方法：左手手指张开按住原料，右手握刀从原料右侧批进，将刀刃向上下均匀抖动，呈波浪形，直至批断原料。

图 1–37　抖刀批

操作要领： 刀刃批进原料后，上下抖动的幅度要一致，不可忽高忽低；随抖动的深浅刀距要一致，以保证原料成型美观。

五、锯刀批

锯刀批（图 1–38）又称锯刀片，适用于加工无骨、大块、韧性较强的原料或动物性硬性原料，如大块猪腿肉等。

操作方法： 锯刀批是一种将推刀批与拉刀批连贯起来的刀法。左手按住原料，右手持刀将刀刃批进原料后，先向左前方推，再向右后方拉，一前一后来回如拉锯，直至批断原料。

图 1–38　锯刀批

操作要领： 左手将原料按稳按实，运刀要有力，动作要连贯、协调，否则来回锯刀批时原料滑动易伤人，并达不到质量要求。

六、滚料批

滚料批（图 1–39）又称滚料片，可以把圆形、圆柱形原料（如黄瓜、红肠、丝瓜等）加工成长方片。

操作方法： 左手按住原料表面，右手放平刀身，刀刃从原料右侧底部批入，做平行移动，左手扶住原料向左滚动，边批边滚，直至批成薄的长条片。

图 1-39 滚料批

操作要领： 两手配合要协调，右手握刀推进的速度应与左手滚动原料的速度一致，否则就会中途批断原料甚至伤及手指。刀身要放平，与砧板面距离应保持不变，否则成型厚薄不匀。

实训1-3 平刀片与拉推切练习

1. 原料选择

猪里脊肉、鸡脯肉、鸭胸肉。

2. 成型要求

平刀片，薄厚一致；肉丝，粗细一致。

3. 卫生要求

刀具、砧板清洗干净，实训后刀具归位。

任务五 掌握斜刀法

【知识目标】

1. 掌握斜刀法的种类。
2. 掌握斜刀法的操作要领。

【能力目标】

1. 能根据原料种类，选择对应的斜刀法。
2. 能按照要求，把原料切得薄厚均匀、粗细一致。
3. 能混合应用直刀法、斜刀法加工菊花鱼。

【素养目标】

1. 端正态度，练好基本功。
2. 规范操作，勤学多练。

斜刀法也是处理原料的基础刀法，软性、脆性、韧性的原料都可以用此刀法加工成各种适合于烹调的形状，而且可以使原料的表面积变大，特别是对于本身较小而所需烹饪表面积又较大的原料，常常使用此刀法。

斜刀法是刀与砧板面或原料成小于 90° 运动的一种刀法，主要用于将原料加工成片状。根据刀的运动方向，斜刀法一般可分为正刀批和反刀批两种。

一、正刀批

正刀批（图 1–40）又称正刀片、斜刀批或斜刀拉批，一般适用于将软性、韧性原料加工成片状。由于正刀批是刀倾斜批入原料的，加工出片的面积比直刀切的横截面要大一些，因此对厚度较薄、加工出片的面积要求大的原料尤为适用。如加工青鱼片时，鱼肉的厚度达不到成型规格，就可以使用正刀批。

操作方法：左手手指按住原料左端，右手将刀身倾斜，刀刃向左批进原料后，立即向左下方运动，直到原料断开。每批下一片原料，左手指要立即将片移去，再按住原料左端待第二刀批入。

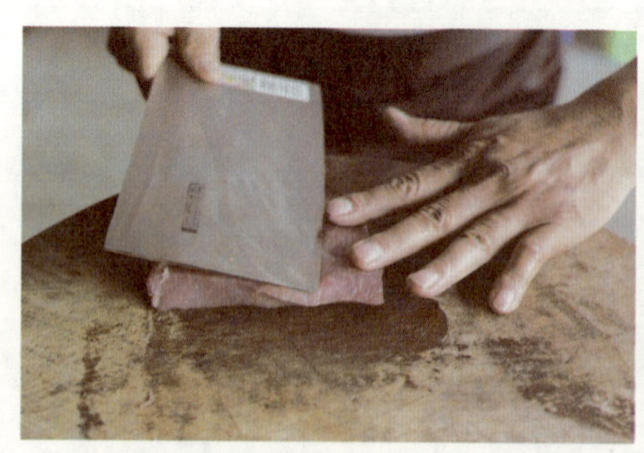

图 1-40 正刀批

操作要领：两手的配合要协调，不得随意改变刀的倾斜度和进刀距离，以保持片形的大小整齐、厚薄均匀。刀的倾斜度也应根据原料的大小、厚薄与成型规格而定。

二、反刀批

反刀批（图 1-41）又称反刀片、斜刀推批，适用于加工脆性、软性原料，如黄瓜、白菜梗、豆腐干等。

操作方法：左手按住原料，右手持刀，刀身倾斜，刀背向里，刀刃向外，刀刃批进原料后由里向外运动。

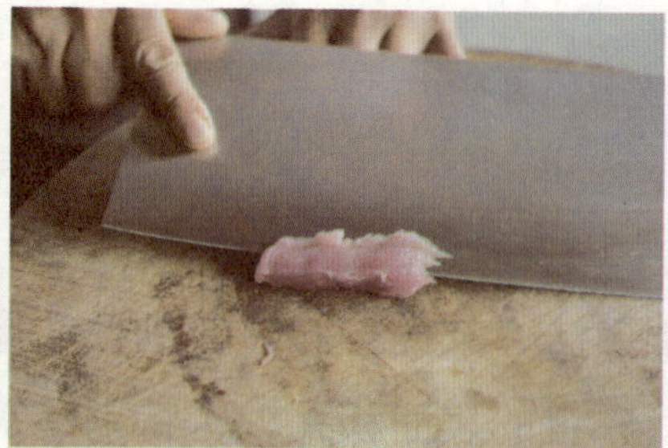
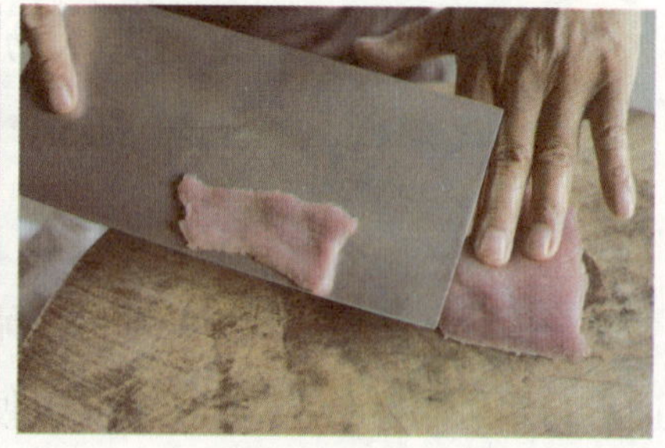

图 1-41 反刀批

操作要领：刀要紧贴左手中指的第一关节批进原料，每批一刀，就要将左手向后退一次，每次向后移动的距离要基本一致，以保持片的形状的大小、厚薄一致。

实训1-4 斜刀法+拉推切练习

1. 原料选择

草鱼、青鱼、鲢鱼。

2. 成型要求

切刀片，薄厚一致；鱼丝，粗细一致。

3. 卫生要求

刀具、砧板清洗干净，实训后刀具归位。

任务六　掌握剞刀法

【知识目标】

1. 掌握剞刀法的种类。
2. 掌握 11 种花刀的操作要领。

【能力目标】

1. 能根据成菜要求，选择对应的刀法。
2. 能按照要求，把原料剞成对应的花色。
3. 能根据原料位置变化混合应用各种刀法，完成花刀成型。

【素养目标】

1. 端正态度，练好基本功。
2. 规范操作，勤学多练。

剞刀法是一种比较复杂的刀法，综合运用了直刀法、平刀法、斜刀法，在原料表面切出有一定深度而又不断的刀纹，这些刀纹经加热可形成各种美观的形状，因此该刀法又称为花刀法。剞刀法可使原料成型美观，烹调时易于成熟入味，且能保持菜肴的脆嫩口感。

剞刀操作的一般要求是：刀纹深浅一致、距离相等、整齐均匀、互相对称。

一、常见剞刀法

1. 直刀剞

直刀剞适用于各种脆性、软性、韧性原料，如黄瓜、猪腰、鸭肫、黑鱼、青鱼、豆腐干等，可将原料加工成荔枝形、菊花形、柳叶形、十字形等多种形态，也可结合其他刀法形成更多美观形状，如麦穗形、松鼠形等。

直刀剞与直刀法中的直切（用于加工软性、脆性原料）、推切、拉切（用于加工韧性原料）基本相似，只是运刀时不完全将原料断开，而是根据原料的成型规格在刀进深到一定程度时停刀。

2. 斜刀剞

斜刀剞有斜刀推剞和斜刀拉剞之分。

（1）斜刀推剞

斜刀推剞适用于各种韧性、脆性原料，如猪腰、鱿鱼、猪肉、鱼类等，可结合其他刀法加工出麦穗形、蓑衣形等多种美观形状。

斜刀推剞与斜刀法中的反刀批相似，只是在运刀时不完全将原料断开，而是根据原料成型规格在刀进深到一定程度停刀。

（2）斜刀拉剞

斜刀拉剞可结合运用其他刀法加工出多种美观形态，如灯笼形、葡萄形、松鼠形、牡丹形、花枝片等。

斜刀拉剞与斜刀法中的正刀批相似，只是在运刀时不完全将原料断开，而是根据原料成型规格在刀进深到一定程度时停刀。

二、花刀的加工

烹饪原料经过不同的刀法加工以后，就可以成为既便于烹调又便于食用、既整齐又美观的各种形状。经刀工处理的原料形状千姿百态，成型所用的刀法当然各不相同。

花刀技术是运用不同的刀法加工原料，使原料在加热以后形成各种优美造型的手工技艺。用这种刀法加工成的原料形状，有大型的松鼠形、葡萄形、蛟龙形等，也有小巧玲珑的菊花形、核桃形、荔枝形等。花刀技术较为复杂，技术难度也较高，需经过不断实践才能领会并掌握。

（一）小形花刀

1. 麦穗形花刀

麦穗形花刀一般是运用直刀剞法和斜刀剞法将原料加工成型的，适用于加工墨鱼、鱿鱼、猪腰、猪里脊肉等原料。

下面以麦穗形鱿鱼卷为例介绍刀法的具体运用。

操作方法：

1）用斜刀推剞法在鱿鱼内侧剞上一条条平行的刀纹（图 1-42），深度为原料厚度的 2/3。

图 1-42 用斜刀推剞法在鱿鱼内侧剞上一条条平行的刀纹

2）将原料旋转一定的角度，用直刀剞法剞成一条条与斜刀推剞刀纹成直角相交的平行刀纹（图 1–43），深度为原料厚度的 2/3。

3）改刀成长 4 ~ 5 厘米、宽 2 ~ 2.5 厘米的长方形。

4）加热后，即形成如麦穗的形状（图 1–44）。

图 1–43　用直刀剞法剞成与斜刀推剞刀纹成直角相交的平行刀纹

图 1–44　成品

操作要领：

1）鱿鱼的内侧有两个凸点，因此花刀必须剞在鱿鱼的内侧，否则加热后不会卷曲成美观形状。

2）斜刀推剞与直刀剞两种方法混合使用，应做到深浅一致，斜刀推剞比直刀剞的运行要长。

2. 菊花形花刀

菊花形花刀一般是用两次直刀剞法将原料加工成型的，适用于加工青鱼肉、鸡肫、鸭肫等原料。

下面以菊花青鱼的加工为例介绍刀法的具体运用。

操作方法：

1）将带皮青鱼肉改刀成长为 10 ~ 15 厘米、宽为 10 厘米的长方块，修去四角。

2）先用直刀剞法将鱼肉剞成刀距为 0.2 ~ 0.3 厘米的刀纹（图 1–45），深度为原料厚度的 4/5。

图 1–45　用直刀剞法将鱼肉剞成刀距为 0.2 ~ 0.3 厘米的刀纹

3）把鱼肉旋转一定的角度，仍用直刀剞法，剞成一条条与第一次刀纹垂直相交的刀纹（图 1–46），深度仍为原料厚度的 4/5，刀距也是 0.2 ~ 0.3 厘米。

4）再改刀成块，既可改成方块，也可改成三角形块，加热即成菊花状（图 1–47）。

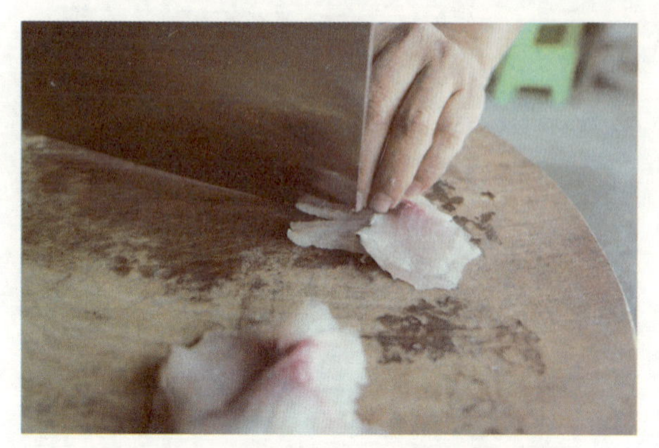

图 1–46 用直刀剞法剞成一条条与第一次刀纹垂直相交的刀纹

图 1–47 成品

操作要领：

1）鱼肉是较细嫩的原料，所以鱼皮不能去掉，否则易碎。

2）刀距不能过密，鱼丝过细易断。

3. 荔枝形花刀

荔枝形花刀是用两次直刀剞法将原料加工成型的，适用于加工鱿鱼、墨鱼、猪腰等原料。

下面以荔枝形猪腰花为例介绍刀法的具体运用。

操作方法：

1）在猪腰内侧（已去掉腰臊）先用直刀剞法剞成花纹（图 1–48）。

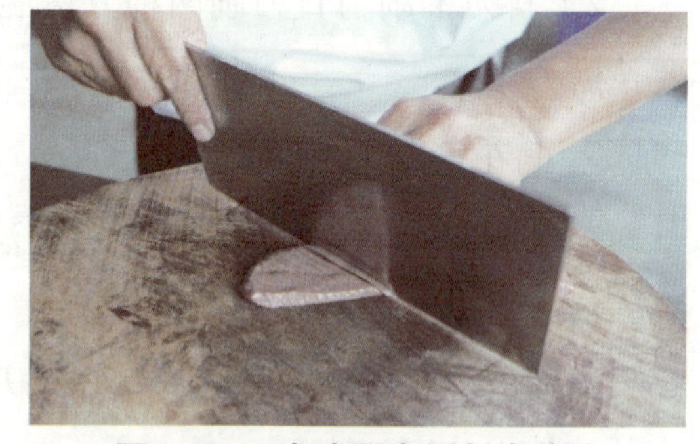

图 1–48 在猪腰内侧剞出花纹

2）将原料旋转一定的角度，用直刀剞法剞成与第一次刀纹成 45° 相交的花纹（图 1–49）。

3）改刀成边长约为 3 厘米的三角形块或边长为 2 厘米的菱形块。

4）加热后卷曲成荔枝形（图 1–50）。

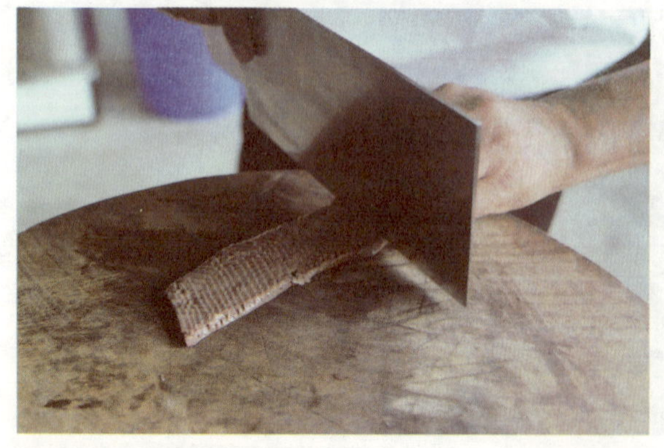

图 1–49 剞成与第一次刀纹成 45° 相交的花纹

图 1–50 成品

操作要领:

1）腰臊必须去尽，否则加热后有异味。

2）花刀必须剞在猪腰的内侧。

4. 鱼鳃形花刀

鱼鳃形花刀是运用直刀推剞法和斜刀拉剞法将原料加工成型的，适用于加工猪腰、茄子等原料。常用于制作拌鱼鳃腰片、炒鱼鳃茄片等菜肴。

操作方法:

1）将原料片成片，运用直刀推剞法，剞上深度为原料厚度的4/5的刀纹（图1–51）。

2）将原料旋转一定的角度，运用斜刀拉剞法剞上深度为原料厚度3/5的刀纹（图1–52）。

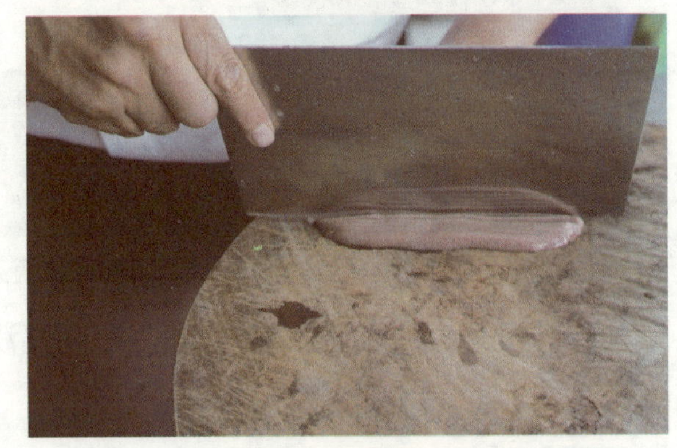

图1–51　运用直刀推剞刀法剞上刀纹

3）用斜刀拉批法将原料断开，即一刀相连一刀断开，剞成鱼鳃形（图1–53）。

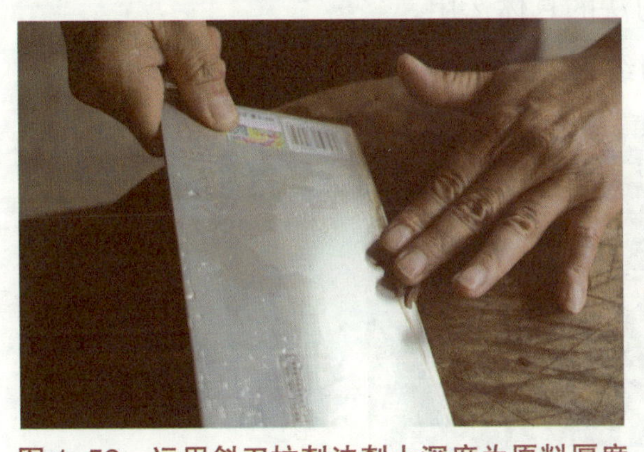

图1–52　运用斜刀拉剞法剞上深度为原料厚度3/5的刀纹

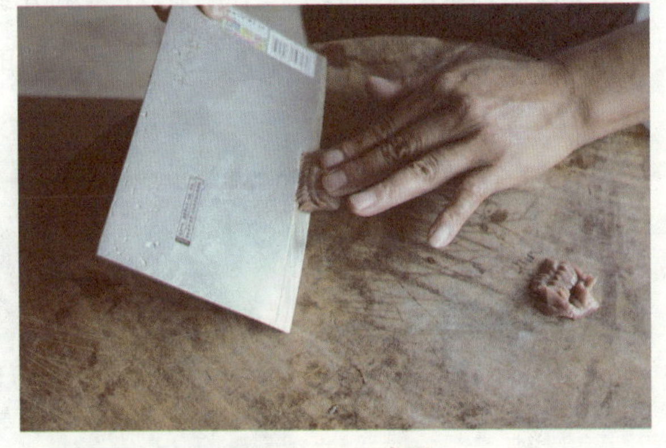

图1–53　成品

操作要领: 刀距要均匀，大小要一致。

5. 灯笼形花刀

灯笼形花刀是运用斜刀拉剞法和直刀剞法将原料加工成型的，适用于猪腰、鱿鱼等原料。常用于制作炒腰花、麻油腰花。

操作方法:

1）将原料修成需要的形状（图1–54）。

2）在原料一端运用斜拉剞法剞上两刀深度为原料厚度3/5的刀纹，然后，在原料另一端同样剞上两刀（相反的方向剞刀）（图1–55）。

3）将原料旋转一定的角度，运用直刀

图1–54　将原料修成需要的形状

剞法剞上深度为原料厚度 4/5 的刀纹，经加热后即卷曲成灯笼形（图 1–56）。

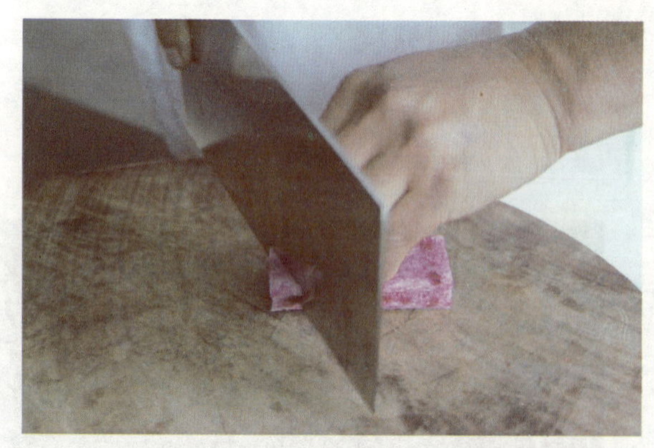

图 1–55 在原料一端运用斜刀拉剞法剞上两刀

图 1–56 成品

操作要领： 加工时，斜刀进刀深度要浅于直刀的进刀深度，片形大小要一致均匀。

（二）整料剞花

1. 斜一字形花刀

下面以在鲤鱼上剞斜一字形花刀为例介绍刀法的具体运用。

操作方法： 在鲤鱼两面剞上斜一字排列的刀纹，刀距一般为 1 ~ 2 厘米（图 1–57）。

图 1–57 斜一字形花刀

操作要领：

1）加工时要求刀距、刀纹深浅要均匀一致。

2）鱼背部刀纹要相应深些，腹部刀纹要相应浅些。

2. 柳叶形花刀

柳叶形花刀是在整鱼身体的两面用直刀剞法加工而成的，适用于氽、蒸等烹调方法，如清蒸鳊鱼、氽鲫鱼等。

下面以在多宝鱼上剞柳叶形花刀为例介绍刀法的具体运用。

操作方法： 在鱼的中央靠近脊背处顺长度运用直刀剞法剞上距离相等的刀纹，再以第一刀为中线在两边各斜刀剞上距离相等的刀纹，即成柳叶形（图 1–58）。

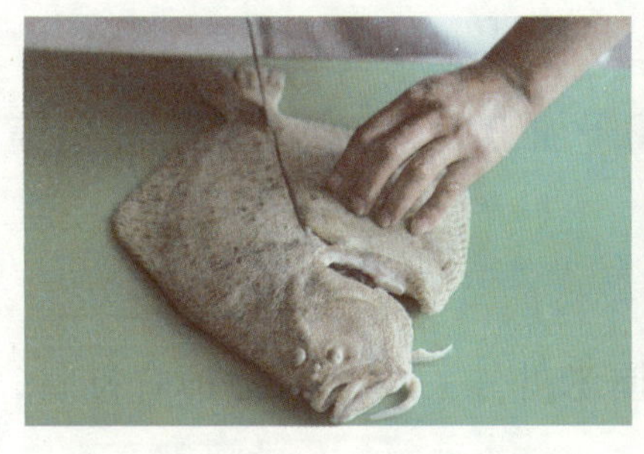
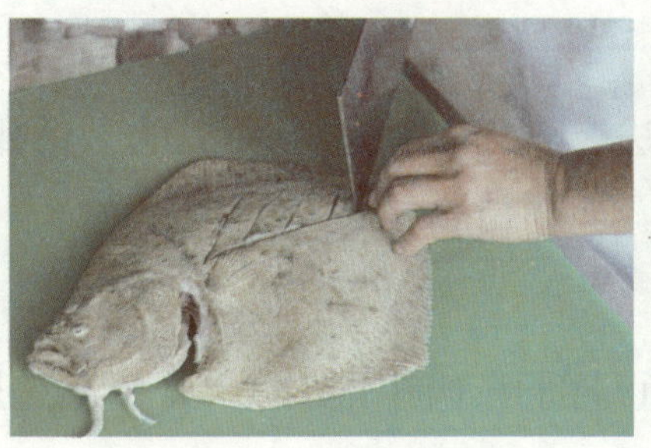

图 1–58 柳叶形花刀

3. 十字形花刀

十字形花刀是在整鱼身体的两面用直刀剞法加工而成的（图 1–59）。十字形花刀的种类很多，有十字形、斜双字形、多十字形等。一般而言，鱼体大而长的可剞多十字形花刀，刀距可密些。干烧鲤鱼、红烧鲢鱼等菜品可采用此类花刀。

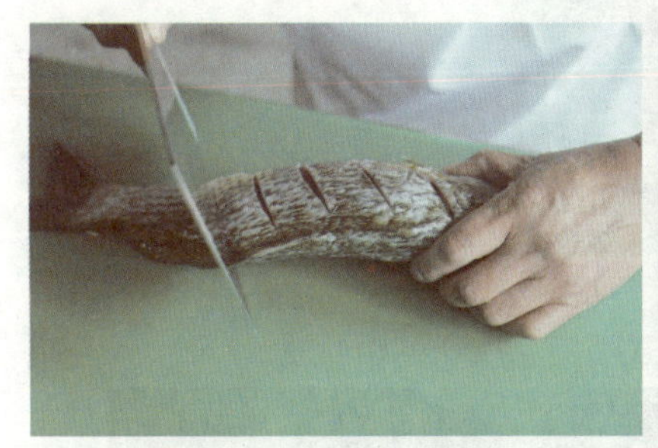
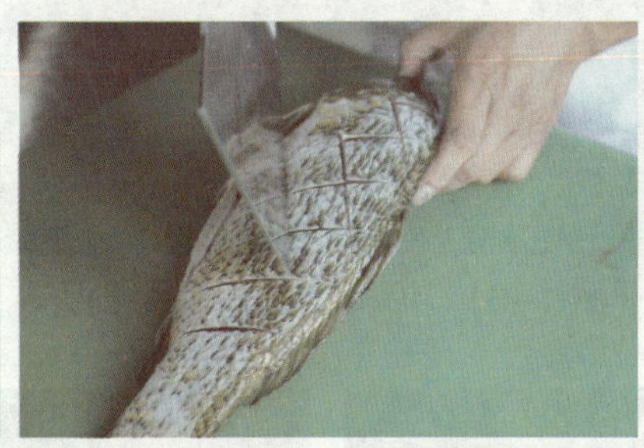

图 1–59 十字形花刀

4. 牡丹形花刀

牡丹形花刀又称翻刀，是用直刀剞和斜刀拉剞的方法加工而成的。牡丹形花刀适用于加工体大而厚的大黄鱼、青鱼、鲤鱼等原料，常用于脆熘等烹调方法，如糖醋黄鱼等。

操作方法： 在鱼身两面每隔 3 厘米直刀剞一刀，剞至脊椎时将刀端平，再沿脊椎向前平推 2 厘米时停刀，将肉片翻起，再在每片肉上都剞上一刀。原料每面翻起 7 ~ 12 刀，加热后鱼肉翻卷，如同牡丹花瓣（图 1–60）。

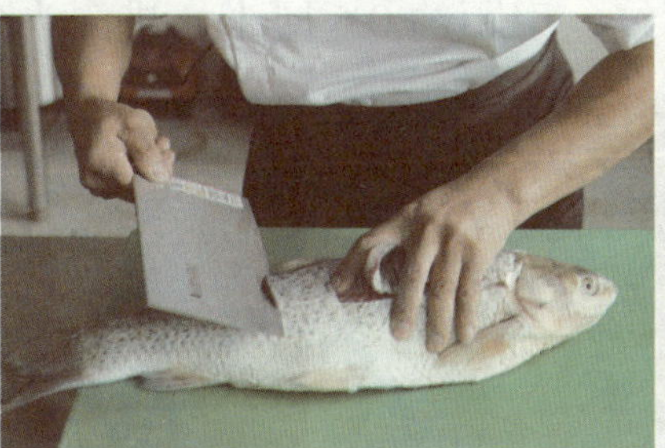

图 1–60 牡丹形花刀

操作要领：

1）原料应选择净重约 1500 克的鱼为宜。

2）每面剞刀次数要相等，每片大小要一致。

5. 松鼠形花刀

松鼠花刀是运用斜刀拉剞法、直刀剞法加工而成的，适用于加工大黄鱼、青鱼、鳜鱼等原料，常用于炸熘制作的菜肴，如松鼠黄鱼、松鼠鳜鱼等。

操作方法：

1）去鱼头后沿脊椎骨将鱼身剖开（图 1–61），离鱼尾 3 厘米处停刀，然后去掉脊椎骨，批去胸肋骨（图 1–62）。

图 1–61 沿脊椎骨将鱼身剖开

图 1–62 去掉脊椎骨，批去胸肋骨

2）在两扇鱼肉上剞上直刀纹，刀距约 0.6 厘米，进深为剞至鱼皮（图 1–63）。

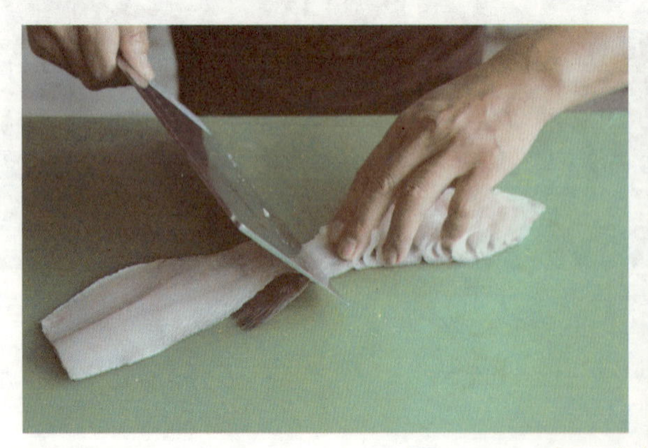

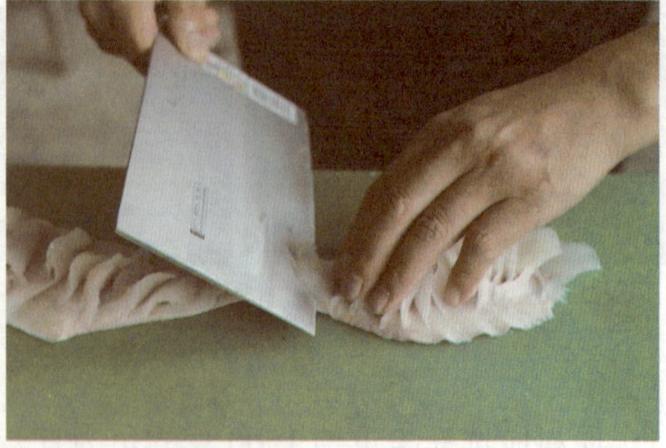

图 1–63 在两扇鱼肉上剞上直刀纹

3）运用斜刀拉剞法剞成与直刀纹成直角相交的刀纹（图 1–64），刀距为 0.6 厘米，进深也是剞至鱼皮。

4）拍粉加热后即成松鼠形（图 1–65）。

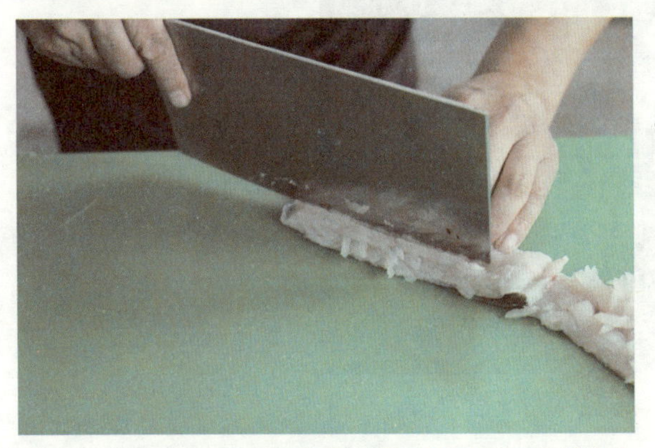

图 1–64 运用斜刀拉剞法剞成与直刀纹成直角相交的刀纹

图 1–65 成品

操作要领：

1）刀距、深浅、斜刀角度都要均匀一致；

2）原料应选择净重约 2000 克的为宜。

6. 葡萄形花刀

葡萄形花刀是用直刀剞法加工而成的，适用于加工整块青鱼肉、鲳鱼肉、黄鱼肉等原料，常用于炸熘烹调方法。

操作方法：

1）选用长约 12 厘米、宽 7 ~ 8 厘米的带皮青鱼肉。

2）45° 对角直刀剞，深度为原料厚度的 5/6，刀距为 1.2 厘米（图 1–66）。

3）把鱼肉旋转一定角度，仍用直刀剞法剞成与第一次刀纹成直角相交的平行刀纹，刀距和深度与第一次相同（图 1–67）。

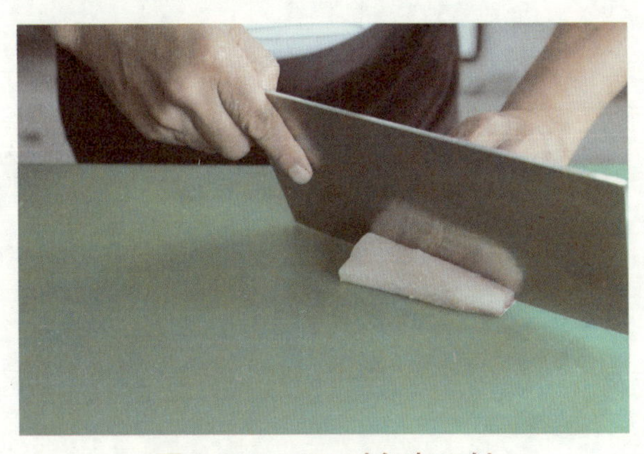

图 1–66 45° 对角直刀剞

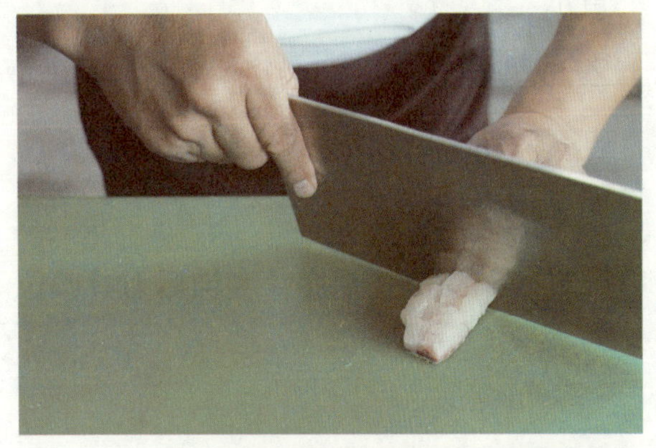

图 1–67 用直刀剞法剞成与第一次刀纹成直角相交的平行刀纹

4）加热后即成一串葡萄形（图 1-68），如用青椒做成葡萄叶和藤就更为形象了。

图 1-68 成品

实训1-5 锯齿形状成型

1. 原料选择

黄瓜、胡萝卜、莴笋等。

2. 成型要求

直刀锯齿间距一致，锯齿长短粗细一致。

3. 卫生要求

刀具、砧板清洗干净，实训后刀具归位。

实训1-6 蓑衣黄瓜成型

1. 原料选择

黄瓜。

2. 成型要求

直刀间距一致，深度一致。

3. 卫生要求

刀具、砧板清洗干净，实训后刀具归位。

项目二　鲜活原料的
选料与初加工

任务一 熟悉鲜活原料选用与初加工的基本原则

【知识目标】

1. 掌握烹饪原料选用的原则。
2. 掌握烹饪原料加工的原则。

【能力目标】

1. 能根据成菜要求，选择对应的原料。
2. 能辨别原料是否受到污染。

【素养目标】

1. 勤俭节约，物尽其用。
2. 爱护环境，拒绝食用珍稀野生动植物。

鲜活烹饪原料指新鲜的蔬菜、水产品、家禽、家畜类及其他动植物等。

鲜活烹饪原料的选用与初加工在烹调工作中占有极其重要的地位，是菜肴烹调加工的首要环节。鲜活烹饪原料的初加工就是对动物性、植物性烹饪原料进行宰杀、去皮、择洗、除污、去异味或去掉不能食用的部分，然后洗涤整理，使之达到烹调菜肴所需要净料要求的加工备料过程。

一、鲜活原料的选用

鲜活原料是保证烹饪菜肴品质的首要条件。鲜活原料的选用，必须遵循以下原则：

（1）无污染原则

环境直接影响鲜活原料的卫生安全和营养价值。鲜活烹饪不得选用城市排污河道中的水产品、城市绿化带的水果，以及其他受到环境污染的原料等。

（2）符合宴席规格

在保证安全和营养卫生的前提下，酒店应该根据顾客要求和宴席规格，选择符合条件的鲜活原料。

（3）恰当与适时原则

过嫩的原料，一是口感不好，二是造成原料的浪费；过老的原料，一是口感不好，二是不宜食用。恰当选用适时的原料，符合道法自然的规律。

（4）合法原则

遵守法律法规，保护野生动植物，维护生态平衡是每个公民应尽的义务。作为餐饮行业的专业厨师，应了解并遵守国家颁布的有关法律法规，有责任保护珍稀野生动植物，维护生态环境，不加工、不经营国家禁捕的野生动物。

二、鲜活原料的加工原则

未经过任何加工的原料不能直接用于菜肴制作，必须根据食用和烹调菜肴的要求按其种类、性质进行合理的初加工处理。

鲜活原料初加工的方法主要包括择剔、刮剥、去蒂、宰杀、煺毛、拆卸、洗涤等。鲜活原料的初加工必须遵循以下基本原则：

（1）卫生营养原则

符合卫生要求，保护鲜活烹饪原料的营养成分。

（2）烹饪要求原则

根据鲜活烹饪原料的特性合理加工，确保菜肴成品的质量不受影响。

（3）节约原则

合理使用原料，去粗取精，物尽其用，降低成本。

（4）环保原则

鲜活原料的加工，要根据垃圾分类的原则进行不同的处理。

任务二 果蔬类的初加工

【知识目标】

1. 掌握果蔬类原料初加工的方法。
2. 熟悉果蔬类原料初加工的基本原则。
3. 掌握常用果蔬类原料初加工的基本要求和步骤。

【能力目标】

1. 能根据果蔬类原料的情况，进行初加工。
2. 能根据果蔬类原料的特点，选用不同的加工方法。

【素养目标】

1. 勤俭节约，物尽其用。
2. 爱护环境，垃圾分类。

果蔬类原料是日常膳食中不可缺少的一类烹饪原料。它使用广泛，既可作为主料单独制作菜品，也可作为配料来调剂菜品的色、香、味、形等。新鲜果蔬类原料除含有能促进人体肠胃蠕动的纤维素外，还含有大量的维生素、无机盐、植物蛋白质、碳水化合物等，这些都是人体不可缺少的营养成分。

一、新鲜果蔬类原料初加工的基本要求

1. 应熟悉新鲜果蔬的基本特性

新鲜果蔬因可食用的部位不同而质地各异，在加工新鲜果蔬时应熟悉其质地，合理加工，从而获取净料，以备下一道工序使用。

2. 应视烹调和食用的要求，合理择取原料进行加工

应根据烹调菜肴的要求，选取原料的不同部位。例如，大白菜的叶、帮、菜心均可食用，制作“开水白菜”时应选用白菜心，用以制馅时应选取白菜的帮和叶。此外，蔬菜的枯黄叶、

老叶、老根等不可食用的部分必须清除干净，以确保菜肴的色、香、味、形不受影响。

3. 应讲究清洁卫生，减少营养成分的流失

新鲜蔬菜一般不可避免地掺杂着泥沙、虫卵等，应采取合理的初加工方法予以去除，将其冲洗干净，以确保原料符合饮食卫生的要求。新鲜蔬菜不但要洗净，而且在加工时宜先洗后切，防止新鲜蔬菜流失过多的营养成分，也可防止细菌的污染，故应尽量减少蔬菜浸泡的时间。

二、果蔬类原料的择剔加工

果蔬类原料的择剔加工是指将果蔬类原料中不能食用的老根、黄叶、籽核、内壳、虫斑等部位进行剔除。

1. 择剔加工的基本要求

1）根据原料的特征进行加工。

2）根据成菜的要求进行加工。

3）根据节约的原则进行加工：不可乱择乱切，尽量保留可食用部分。

2. 择剔加工常用的方法

1）择：择去不可食部分，如空心菜的黄叶、老梗等（图 2–1）。

2）剥：剥去不可食部分，如竹笋去壳等（图 2–2）。

3）削：削去不可食部分，如萝卜削皮（图 2–3）、叶菜去蒂等。

图 2–1 择

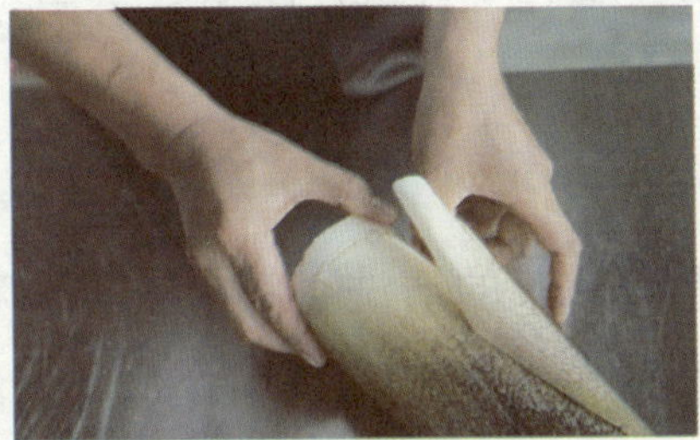

图 2–2 剥

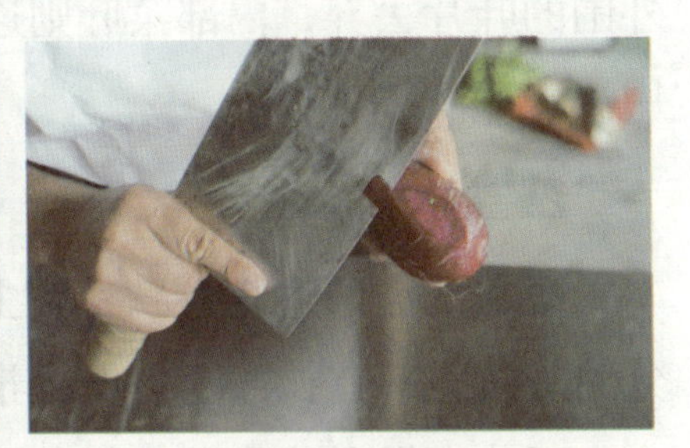

图 2–3 削

4）刨：刨去外皮，如刨去藕、土豆的皮等（图 2–4）。

5）刮：刮去污泥，如刮去萝卜、芋头外表的泥。

6）剜：剜去不可食用部分，如剜去苹果上的腐烂处（图 2–5）。

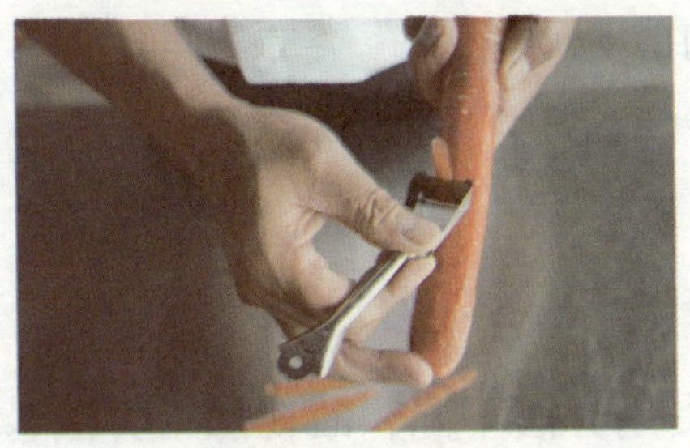

图 2–4 刨

图 2–5 剜

3. 果蔬类原料去皮方法

1）人工去皮：用削、刨、撕、剥等方法将原料去皮，多用于形态圆小或细长的原料，如牛蒡、芋头等。

2）机械去皮：利用旋转刀片手工旋转进行去皮，适用于梨、苹果、萝卜等原料的去皮。

3）沸烫去皮：原料入沸水（或采用蒸汽）中短时间加热烫制、冷却去皮，适用于桃、番茄、枇杷、核桃仁等原料的去皮。

4）碱液去皮：原料入热碱液中，用竹刷搅拌去皮，适用于莲子、芡实及大量的土豆、胡萝卜的去皮。

5）油炸去皮：原料入油锅中加热浸炸，熟后轻搓去皮，适用于花生仁、核桃仁、松仁等原料的去皮。

6）盐炒去皮法：原料入盐锅中，炒熟后轻搓去皮，适用于花生仁等原料的去皮。

三、果蔬类原料的洗涤加工

果蔬类原料经过择剔加工处理后还需要进行洗涤加工，以除尽杂物、污泥。

常用的洗涤方法有以下几种：

1. 流水冲洗法

流水冲洗法适宜叶菜的清洗。将原料放入流动的水中冲洗，借水的冲洗及稀释能力，尽可能地把残留在果蔬类原料表面上的农药、污物等去除掉。如大白菜等包叶菜类蔬菜，可将外围的叶片丢弃，内部菜叶则逐片用流水冲洗；菠菜、小白菜等小叶菜类蔬菜的叶柄基部可用流水冲洗。

2. 盐水洗涤法

盐水洗涤法适宜夏秋季节上市叶菜的清洗。将果蔬类原料放入2%的盐水中浸泡4 ~ 5分钟（时间不宜长，以防止营养成分的流失），再用冷水反复清洗，沥水理顺即可。

部分水果和叶菜类蔬菜食用前都要放在盐水里浸泡几分钟，利用盐水的渗透作用，可使虫卵收缩脱落，达到洗净虫卵（如蚜虫、蓟马等）的目的。

3. 高锰酸钾溶液洗涤法

高锰酸钾溶液洗涤法适宜直接或凉拌食用果蔬类原料的清洗。将洗净的果蔬类原料放入0.3%的高锰酸钾溶液中浸泡4 ~ 5分钟，可杀菌消毒，以确保果蔬类原料的卫生要求。需要注意的是，被高锰酸钾溶液浸泡过的果蔬类原料在食前需用冷开水洗净。

四、果蔬类原料初加工的方法

果蔬类原料的品种、产地、上市期、食用部位和食用方法不同，故初加工方法各异。

（一）叶菜类蔬菜的初加工

操作步骤： 择剔→浸泡→洗涤→沥水→理顺（图 2-6）。

（a）择剔

（b）浸泡

（c）洗涤

（d）沥水

（e）理顺

图 2-6　叶菜类蔬菜的初加工步骤

叶菜类蔬菜的加工方法主要是择剔、洗涤。择剔就是要择除枯叶、老叶、老根、老帮、杂物等不能食用的部分。洗涤的主要目的是用冷水清除污垢，但对污染过重的蔬菜，也可根据不同情况而采取用盐水、高锰酸钾水溶液等浸泡消毒，之后用冷开水漂洗干净。无论选择何种洗涤方法，均要达到清洁的目的。

操作要领： 择剔时要根据烹调的要求来决定是否保持蔬菜的完整形状；洗涤时尽量不使蔬菜的叶片破损，并且一定要清洗干净；蔬菜要先洗后切，以免造成营养成分的流失。

（二）根茎类蔬菜的初加工

操作步骤： 去除原料表面杂质→清洗→刮削表皮→洗涤→浸泡→沥水（图 2-7）。

（a）去除原料表面杂质

（b）清洗

（c）刮削表皮

图 2-7　根茎类蔬菜的初加工步骤

（d）洗涤

（e）浸泡

（f）沥水

图 2-7 根茎类蔬菜的初加工步骤（续）

根茎类蔬菜的加工方法主要有掐、撕、剥、刮、削等，去掉其表皮（特别是硬皮）、老筋、老根、顶花、顶尖、瘢痕等不能食用的部分。

操作要领： 刮削表皮时要注意节约，不要刮去过多可食用部分；根茎类蔬菜（如土豆、莴笋、荸荠等）大多含有鞣酸，易出现褐变而影响蔬菜的颜色，应注意避免与铁器接触，或长时间裸露在空气中，以免原料氧化产生褐变现象。所以，加工后应将其浸泡在冷水中，以保持其鲜美的色彩。

（三）瓜类蔬菜的初加工

操作步骤： 去除原料表面杂质→清洗→去蒂及表皮或籽瓤→洗涤（图 2-8）。

（a）去除原料表面杂质

（b）清洗

（c）去蒂及表皮或籽瓤

（d）洗涤

图 2-8 瓜类蔬菜的初加工步骤

瓜类蔬菜的加工方法主要包括刮、削、切、撕等，除去果实的硬皮、籽瓤、果蒂、老筋等不能食用的部分，之后用清水洗净。

操作要领：瓜类蔬菜在刮皮和去籽瓤时，要注意节约；有些瓜类蔬菜在作为食品雕刻的原料时，可不去皮，但在雕刻前也需要洗涤干净。

（四）茄果类蔬菜的初加工

操作步骤：去除原料表面杂质→清洗→去表皮、污斑→洗涤→去籽瓤→再次清洗（图 2–9）。

（a）去除原料表面杂质

（b）清洗

（c）去表皮、污斑

（d）洗涤

（e）去籽瓤

（f）再次清洗

图 2–9 茄果类蔬菜的初加工步骤

茄果类蔬菜的加工方法主要包括择、撕等，去蒂、表皮或籽瓤等不能食用的部位，之后用清水洗净即可。

操作要领：茄果类蔬菜的初加工要根据烹调要求进行。

（五）花菜类蔬菜的初加工

操作步骤：去蒂及花柄（茎）→掰小朵、清洗→沥水→浸泡（图 2–10）。

（a）去蒂及花柄（茎）

（b）掰小朵、清洗

图 2–10 花菜类蔬菜的初加工步骤

（c）沥水

（d）浸泡

图 2–10 花菜类蔬菜的初加工步骤（续）

花菜类蔬菜的加工方法主要用掐、择、刮、切等，除去花蕾上的锈斑、腐烂的花瓣和部分不可食用的花茎，之后用清水洗干净即可。

操作要领： 洗涤时要用冷水清洗，注意保持花菜的完整形状。

（六）豆类蔬菜初加工的方法

1. 荚果均食用的豆类蔬菜的初加工

操作步骤： 掐去蒂和顶尖→去筋→清洗→沥水（图 2–11）。

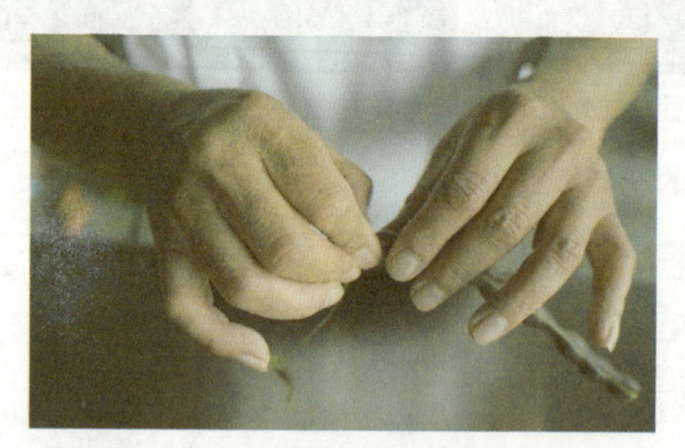
（a）掐去蒂和顶尖

（b）去筋

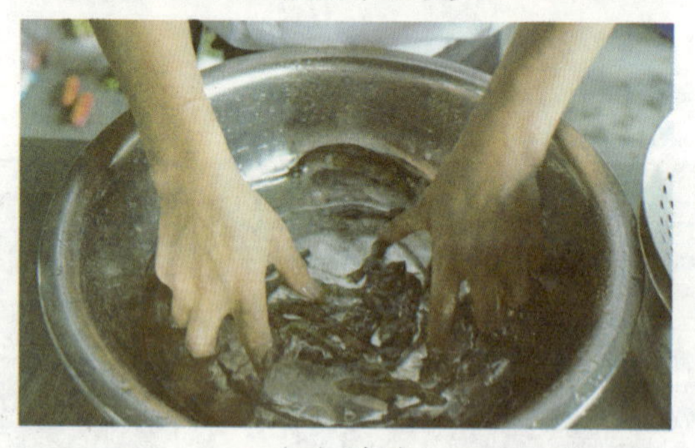
（c）清洗

（d）沥水

图 2–11 荚果均食用的豆类蔬菜的初加工步骤

2. 食其种子的豆类蔬菜的初加工

操作步骤： 剥去外壳→取出籽粒→清洗沥水。

操作要领： 去顶尖和边筋时要干净、彻底；取籽粒时，要保持籽粒的完整。

任务三　禽类的初加工

【知识目标】

1. 掌握家禽初加工的要求。
2. 掌握家禽初加工的步骤。
3. 熟悉家禽分档的部位。

【能力目标】

1. 能宰杀并加工鸡鸭鹅。
2. 能独自完成整鸡脱骨。

【素养目标】

1. 坚持不加工病禽及腐败的禽类。
2. 爱护环境，做好垃圾分类。

一、家禽初加工的要求

用于烹调菜肴的家禽主要有鸡、鸭、鹅、鸽等。由于家禽均有羽毛，带有内脏且污秽较重，因此家禽初加工的好坏对菜肴的质量有着极为重要的影响，在初加工时应认真细致，特别要注意以下几点：

1. 宰杀时血管、气管必须割断，血要放尽

割断血管、气管，目的是将家禽杀死，让血液流出。如气管没割断，家禽不能立即死亡；如果血管没割断，则血液流不尽，就会使禽肉色泽发红，影响菜肴的质量。

2. 褪毛时要掌握好水的温度和烫制的时间

烫泡家禽的水温和时间，应根据家禽的品种、老嫩和季节的变化而灵活掌握。一般情况下，质老的烫泡的时间应长一些，水温也略高一些；质嫩的烫泡的时间可略短一些，水温可低一些；冬季水温应高一些，夏季水温应低一些，春秋两季水温适中；此外，还要根据不同的品种来掌握，就烫泡的时间而言，鸡可短一些，鸭、鹅就要长一些。

3. 物尽其用

家禽的各部位均可利用。头、爪可用来煮汤或卤、酱等；肝、肠、心、肫和血液可烹制各种美味菜肴；鸡肫皮干制后可供入药；羽毛可用于加工羽绒制品。因此，在对禽类初加工时，其各部位不能随意丢弃，应予以合理利用，做到物尽其用。

4. 洗涤干净

宰杀后的禽类必须洗涤干净，特别是腹腔要反复冲洗，直至血污冲净为止，否则会影响菜肴的口味和色泽。

二、家禽初加工的步骤

家禽初加工的步骤主要有宰杀，烫泡、褪毛，开膛取内脏，以及禽类内脏的洗涤加工等。

1. 宰杀

宰杀前先准备好盛器，盛器内放入适量的清水和少许的精盐兑成食盐溶液。宰杀时，一手抓住翅膀与头部，另一手将颈部的绒毛拔掉，用刀将气管、食管、血管割断，禽身向下倾，将血控入碗中，直到控净为止。

2. 烫泡、褪毛

禽类宰杀后即可烫泡褪毛。这个步骤必须在家禽刚好处于死亡状态下进行，过早或过晚则会由于肌肉的僵直关系，给褪毛带来不便。烫褪时的温度应根据季节和禽类的老嫩、大小而定，当年禽（嫩禽）多用温烫（60℃ ~ 70℃）；隔年禽（老禽）多用热烫（80℃）。烫泡后，应尽快将其羽毛褪净，操作的同时应以褪尽羽毛而不破损表皮为原则。烫褪后及时用清水洗干净。

3. 开膛取内脏

开膛取内脏的方法可根据烹调的需要而定，比较常用的有腹开、肋开和背开三种。

1）腹开：先在禽颈右侧的脊椎骨处开一刀口，取出嗉囊，再在肛门与肚皮之间开一条 6 ~ 7 厘米长的刀口，由此处轻轻地拉出内脏，然后将禽身冲洗干净。

2）背开：由禽的脊背处劈开取出内脏，而后清洗干净禽身即可。

3）肋开：在禽的右肋（或左肋）下开一个刀口，然后从刀口处将内脏取出，同时取出嗉囊，将禽身冲洗干净即可。

需要提醒的是，无论采取哪一种取内脏的方法，操作时切忌碰破禽的肝部和苦胆，以避免影响肉质的风味。

4. 禽类内脏的洗涤加工

1）肫：割去前端食肠，将肫划开，去其污物，剥掉黄皮及油脂，洗净即可。

2）肝：摘掉附着在上面的苦胆，洗净即可。

3）肠：先去掉附着在上面的两条白色胰脏，然后顺肠剖开，加盐、醋、明矾搓洗去肠壁上的污物、黏液，再反复用清水洗净。

4）血：将已凝结的血块放入开水锅中，煮熟捞出即可（时间不可太长）。

三、家禽的分档取料

分档取料就是对已经初加工过的家畜、家禽等整只原料按其肌肉组织的不同部位与质量，正确地进行分档，取出适合不同烹调要求的原料，做到用料合理避免浪费（表 2–1）。要想学好烹调，掌握原料的分档取料是必不可少的。

表 2–1 鸡的分档取料及其烹调方法

部位名称	分档取料部分的特点及其烹调方法
脊背	位于脊骨两侧，各有一块肉，又称栗子肉，肉质适中，无筋，适于爆、炒等烹调方法
腿肉	位于腿部，肉厚较老，适于烧、炖、扒、卤等烹调方法
胸脯肉	位于翅膀与鸡骱之间，肉质嫩，在紧贴胸骨突起处有两条里脊肉，是全身最嫩部位，适宜切片、丝及剁蓉等，适于炸、炒、爆、熘等烹调方法
翅膀	又称凤翅，皮较多，肉质较嫩，不宜出肉，适于红烧、白煮、清炖等烹调方法
爪	又称凤爪，除骨外，皆为皮筋，适于卤、红烧、制汤等烹调方法
头	含有脑，骨多、皮多、肉少，适于煮、炖、卤、红烧或用于制汤等烹调方法
颈	皮多、骨多、肉少，适于煮、酱、炖、卤、烧等烹调方法

实训2–1 鸡的出肉分档

鸡、鸭、鹅等家禽的肌体构造和不同肌肉部位的分布大体相同。鸡的出肉加工也称“拉鸡”，就是将鸡肉分部位取下，再将鸡骨剔出。根据不同的烹调方法，所取用原料的部位不同，可以突出烹调的特点。鸡适合煎、炒、爆、熘等烹调方法，如银芽鸡丝、咖喱鸡丁、红烧鸡翅等。

1. 实训流程

光鸡清洗→取鸡腿肉→刮净腰窝肉→取鸡翅肉→撕下鸡脯肉→整理。

2. 操作步骤

1）取鸡腿肉：左手握住鸡的右腿，使鸡腹向上，头朝外，右手持刀，先将左腿与腹部相连接的皮割开，再将右腿同腹部相连接的皮割开，把两腿向背后折起，把连接在脊背的筋割断，再把腰窝的肉割刮净，用力扯下两腿，内侧向上，沿鸡腿骨骼用刀划开，用刀的后跟处刮净上面的肉，剔出腿骨，放在平盘中。

2）取鸡翅肉：左手握住鸡翅，用力向前顶出翅关节，右手持刀将关节处的筋割断，将鸡翅连同鸡脯肉用力撕下，再沿翅骨用刀划开，剔出翅骨，再将鸡里脊肉取下；鸡翅内侧向上，顺鸡翅骨划开，露出翅骨，用刀刮净上面的肉，在第一关节处割断，但肉和皮要相连，剔下第一关节的骨。用相同方法剔下第二关节的两条骨。最后将翅尖剁下，放在平盘中。

3）取鸡里脊肉：将鸡的两条里脊肉从腹部取下，剔去肉中的筋，放在平盘中。

3. 交流与反思

1）鸡出肉时下刀部位不准确，对出肉有何影响？

2）怎样才能做到骨不带肉、肉不带骨？

4. 实训考核（表 2–2）

表 2–2 鸡的出肉分档实训考核

项目	下刀部位准确	部位整齐、不破碎	骨不带肉、肉不带骨	节约与卫生	合计
标准分	20	30	40	10	100
扣分					
实际得分					

实训2–2 整鸡去骨

整料去骨就是将整个原料去净或剔除其主要骨骼，而仍能基本保持原料原有完整形态的一种刀工处理技法。这种技法既便于营养互补，又增加了可塑性，使菜肴造型更精美。整料去骨是一种工艺性较强、技术难度较大的刀工技术。菜肴档次的高低，除主料本身的价值外，还与配料和调料的贵贱、工艺的难易程度等因素密切相关。工艺难度大，相应的菜肴档次就高，也说明厨师的技术水平高。如制作“八宝鸡”，将鸡主骨剔除，填入八宝馅心（馅心中必须有三米，即糯米、薏仁、莲子），蒸熟后的鸡栩栩如生。“八宝鸡”这道菜肴从刀工上、营养上、造型上都有了新意，因而档次提高了，厨师精湛的厨艺也表现出来了。

1. 实训流程

宰杀→煺毛→划破颈皮→断颈骨→出翅膀骨→去身骨→出后腿骨→翻转鸡皮→清水洗净→装盘。

2. 操作步骤

（1）划破颈皮，斩断颈骨

先在鸡的颈部两肩相夹处的鸡皮上，直割 6 ~ 7 厘米长的刀口，从刀口处把颈皮撑开，将颈骨拉出。在靠近鸡头的宰杀刀口处将颈骨斩断。注意，刀口不可碰破颈皮。还可先在鸡头宰杀的刀口处割断颈骨，再从割口中拉出颈骨。

（2）出翅膀骨

从颈部的刀口处将皮肉翻开，使鸡头下垂，然后连皮带肉徐徐往下翻剥，分别剥至翅骨的关节处。待骱骨露出后，用刀将关节上的筋膜割断，使翅骨与鸡身脱离。先抽出桡骨和尺骨，然后将翅骨抽出（翅骨有粗细两根），于翅膀的转折处斩断。

（3）去鸡身骨

翅骨剔出后，将鸡的胸部朝上，平放在砧板上，一手拉住鸡颈，一手按住鸡龙骨，向下一按，把突出的骨略微压低一些，以免下翻时骨尖戳破鸡皮。然后将皮肉继续向下翻剥，当剥到背部时（背部肉少皮薄，防止拉破），要一手拉住鸡颈，一手拉住鸡背部的皮肉，轻轻翻剥。如遇到皮骨连得较紧，不易剥下时，可用刀在皮和骨之间轻轻划割，刀贴骨头慢慢运行，边割边翻剥。剥到腿部则将鸡胸朝上，一手执左腿，一手执右腿并用拇指扳着剥下的皮肉，将腿向背部轻轻掰开，使股骨关节露出，用刀将连接关节的筋割断，使鸡的股骨和身骨脱离。再继续向下翻剥直到肛门处，把鸡尾椎骨斩断（注意不可割破尾部的皮），鸡尾仍应连在鸡身上。这时除后腿骨外，鸡身的全部骨骼均与皮肉分离。骨骼取出后（内脏仍包在身体中），再将肛门处直肠割断，洗净肛门中的粪便。

（4）出后腿骨

首先将腿皮翻开，顺胫骨至股骨用刀尖在腿肉上划一刀口，把骨上端刮净，左手抓住腿肉，右手拉取下股骨。取胫骨时先将胫骨靠近跖骨用刀敲断，或用刀跟斩断（注意，不可碰破腿皮），同取股骨一样取下胫骨，再将鸡腿皮翻转上来。

（5）翻转鸡皮

完成上述步骤后，用清水洗净鸡肉，再翻过面来，使鸡皮朝外，鸡肉朝里，从外观看，仍是一只完整的鸡。

鸭、鸽的整料去骨与鸡的去骨方法和步骤大体相同。

3. 交流与反思

1）叙述鸡的整料去骨的关键。

2）出骨后开口过大、表皮有洞对成品有何影响？

3）制作“八宝鸡”，填入的八宝馅心是指哪些原料？

4. 实训考核（表 2-3）

表 2-3　整鸡去骨实训考核

项目	开口适中	表皮不破	形态完整	骨肉分离	节约与卫生	合计
标准分	20	30	25	15	10	100
扣分						
实际得分						

任务四 水产品的初加工

【知识目标】

1. 掌握鱼类及虾、蟹、贝的加工步骤。
2. 掌握鱼类的分档取肉。
3. 掌握贝类去泥沙的方法。

【能力目标】

1. 会根据鱼的种类进行分档取料。
2. 会加工蛤蜊、鲍鱼、扇贝和河蟹。

【素养目标】

1. 坚持不加工死虾蟹、死贝和不新鲜的鱼类。
2. 爱护环境，保护物种多样性，不加工国家禁止捕捞的鱼类。

一、鱼类的初加工

根据鱼的形状和性质，鱼类的加工方法大致可分为刮鳞、褪沙、剥皮、泡烫、宰杀、择洗等步骤。

1. 刮鳞

刮鳞适用于加工鱼鳞属于骨片性的鱼，如大黄鱼、小黄鱼、鲈鱼、加吉鱼、鲤鱼、草鱼、鳜鱼等。

加工步骤： 刮鳞→去鳃除内脏→洗涤干净。

2. 褪沙

褪沙主要适用于加工鱼皮表面带有沙粒的鱼类，即各种鲨鱼。

加工步骤： 热水泡烫→褪沙→去鳃→开膛取内脏→洗涤干净。

具体方法:

（1）将鲨鱼放入热水中略烫。水的温度要根据鲨鱼的大小而定，体大的用开水，体小的水温可低一些。烫制的时间以能褪掉沙粒而鱼皮不破为准。若将鱼皮烫破，褪沙时沙粒易嵌入鱼肉内，影响食用。

（2）将烫好的鲨鱼用小刀刮去皮面的沙粒，剪去鱼鳃，剖腹去净内脏洗净即好。

3. 剥皮

剥皮主要用于加工鱼皮粗糙、颜色不美观的鱼类，如鳎科鱼类中的宽体舌鳎、半滑舌鳎、斑头舌鳎等。

加工步骤: 背面剥皮→腹面刮鳞→去鳃去内脏→洗涤干净。

具体方法: 先在鱼的背部靠头处割一刀口，用手捏紧鱼皮用力撕下，再将腹部的鳞刮净，再除去鱼鳃和内脏，洗净即好。

4. 泡烫

泡烫主要用于加工鱼体表面带有黏液而腥味较重的鱼类，如海鳗、鳗鲡、黄鳝等。由于此鱼类的性质和用途不同，加工方法也略有不同。

加工步骤: 沸水泡烫→去鳃除内脏→洗涤干净。

具体方法: 海鳗、鳗鲡除去鳃、内脏后，放入开水锅中烫去黏液和腥味，再用清水洗干净即好。

黄鳝的泡烫方法是，锅中放入凉水，将黄鳝放入，加适量的盐和醋（加盐是为了使鱼肉中的蛋白质凝固，加醋则是去腥味），盖上锅盖，用急火煮至鳝鱼嘴张开，捞出放入凉水中浸凉，洗去黏液即可。

5. 宰杀

宰杀主要用于一些活养的鱼类，如甲鱼、黄鳝、鲤鱼、黑鱼等。

甲鱼宰杀的方法有两种：一种是将甲鱼放在地面，等其爬行时使劲一踩，待其头伸出时用左手握紧头部，然后用刀割断血管和气管，将血放尽即可；另一种方法是将甲鱼腹部朝上放在砧板上，待头伸出时将头剁下，将血放尽即可。

黄鳝的宰杀方法应视烹调用途而定。

鳝片：先将鳝鱼摔昏，在颈骨处下刀斩一缺口放出血液，再将鳝鱼的头部按在砧板上钉住，用尖刀沿脊背从头至尾批开，去其内脏，将脊骨剔出，洗净后可用于批片。

鳝段：用左手的三个手指掐住鳝鱼的头部，右手执尖刀由鳝鱼的下颚处刺入腹部，并向尾部顺长划开，去其内脏，洗净即可切段备用。

6. 择洗

择洗主要用于加工一些软体类的水产品，如墨鱼、鱿鱼、章鱼等。

墨鱼：将墨鱼放入水中，用剪刀刺破眼睛，挤出眼球，再把头拉出，除去石灰质骨，同时将背部撕开，去其内脏，剥去皮洗净备用。雄墨鱼腹内的生殖腺干制后称为“乌鱼穗”，雌墨鱼的产卵腺干制后称“乌鱼蛋”，均为名贵的烹饪原料。加工墨鱼时，一般须在水中进行，以防墨鱼汁污染。

鱿鱼：体内无墨腺，加工方法同墨鱼大体相同。

章鱼：先将章鱼头部的墨腺去掉，放入盆内加盐、醋搓揉，搓揉时可将章鱼的两个足腕对搓，以去其足腕吸盘内的沙粒，再用清水洗去黏液即可。

二、虾蟹类的初加工

用于烹调的虾类主要有对虾（又称明虾、斑节虾）、沼虾（又称青虾）等。

1. 对虾的初加工

先将对虾洗净，再用剪刀剪去虾枪、眼、须、腿，用虾枪或牙签挑出头部的砂布袋和脊背处的虾筋和虾肠即可。根据不同的烹调要求，也可将虾的皮全剥掉或只留虾尾。

2. 沼虾

剪去虾枪、眼、须、腿，洗净即好。由于沼虾每年在 4 ~ 5 月份产卵，在加工时要将虾卵收集起来加以利用。方法是：将沼虾放入清水中漂洗出虾卵，去其杂物后用慢火略炒，再上笼蒸透，取出弄散晾干，即成为名贵的烹调原料“虾籽”。

3. 河蟹

河蟹（中华绒螯蟹）在加工之前，应先放在水盆里，让蟹来回爬动，使蟹螯、蟹腿上的泥土脱落沉淀。过 10 分钟后，用左手抓住蟹的背壳，右手用软的细毛刷边刷边洗，直到洗净泥沙。如蒸河蟹，最好取一根约 50 厘米长的纱绳，先在左手小拇指绕 2 周，然后左手将蟹的螯和腿按紧，纱绳先横着蟹身绕 2 周，再顺着蟹身绕 2 周，再将小拇指上绕的纱绳松开，在蟹的腹部打一个活结，即可上笼蒸，这样可避免蟹在加热时爬动流黄、断腿。如做醉蟹，需要将蟹逐只洗刷掉泥沙后，沥干水分，投入已加入大曲酒的坛子内，让蟹昏死，随后倒入醉露。

三、贝类及其他水产品的初加工

1. 扇贝

用刀（专用的工具）将两壳撬开，剔下闭壳肌（俗称瑶柱），去其附着在上面的内脏，洗净即好。

2. 蛏子

将两壳分开，取出蛏子肉，挤出沙粒，用清水洗净即好。

3. 鲍鱼

将鲍鱼外表洗净，放入沸水锅中至肉离壳，取下肉，去其内脏及腹足，用竹刷刷至鲍鱼肉呈白色后用清水洗净，再放入盆内，加高汤、葱、姜、料酒上笼蒸烂取出，用原汤浸泡即可。

4. 蛤蜊

将蛤蜊洗净后放入海水中（或用清水加一点盐）浸泡，使其吐出腹内泥沙，再用清水洗净，即可带壳用于烹制菜肴。也可将洗净的蛤蜊放入开水锅中煮熟捞出，去壳留肉，用澄清的原汤洗净即好。煮蛤蜊的原汤味道鲜美，澄清后可用于烹制菜品。

四、水产品的出肉与分档取料

1. 一般鱼类的出肉加工

菱形鱼类的出肉加工：以鳜鱼为例，将鳜鱼头朝外、腹向左放在砧板上，左手按鱼，右手持刀，从背鳍外贴脊骨，从鳃盖到尾割一刀，再横片进去，将鱼肉全部片下，另一面也如法炮制。最后把两片鱼肉边缘的余刺去净，然后将鱼皮去掉（也有不去皮的）。

2. 长形鱼类的出肉加工

长形鱼类分为有鳞鱼和无鳞鱼，如草鱼（鲩）、鲭鱼、乌鳢（黑鱼、财鱼）等有鳞鱼，海鳗、鳗鱼、鳝鱼等无鳞鱼，下面以青鱼为例加以说明。

将青鱼头朝左、腹向外放在砧板上，左手按鱼，右手持刀，距尾鳍两寸（约 6.66 厘米）处切至脊骨，再贴脊骨横片进去至鱼头部，再将鱼头劈开成两片，切下鱼头，将鱼肚档片下，去掉鱼皮（也有不去皮的）。另一面也如法炮制。

3. 鱼的出肉分档

生拆的方法是：先在鱼鳃盖骨后切下鱼头，随后将鱼身肚朝外、背朝里，左手抓住上半片鱼肚，将刀贴着脊骨向里批进，批下半片鱼肚。将鱼翻身，刀仍贴脊骨运行，将另半片也批下。随后鱼皮朝下，肚朝左侧，斜刀将鱼刺批去。如果要去皮，大鱼可从鱼肉中部下刀，切至鱼皮处，刀口贴鱼皮，刀身侧斜向前推进，除去一半鱼皮，接着手抓住鱼皮，批下另一半鱼肉。如果是小鱼，可从尾部皮肉相连处进刀，手指甲按住鱼皮斜刀向前推批去掉鱼皮。

4. 鱼的分档取料及其烹调方法

鱼的分档取料及其烹调方法如表 2–4 所示。

表 2-4 鱼的分档取料及其烹调方法

名称	分档取料部分	烹调方法
头	鳃盖骨部垂直下刀	肉少骨多，宜烹制红烧头尾、红烧下巴、头尾汤等
尾	紧贴臀鳍前部下刀	肉质鲜嫩肥口，宜烹制红烧划水、糟卤清炖头尾等
活络	头后、中段和肚档前一小段	肉质柔嫩，宜烧、熘、烩等
中段	在上身中骨处下刀，刀口紧贴中骨	宜做鱼片、鱼丝等
肚档	沿胸骨处下刀	肉质肥嫩，宜烹制红烧肚档等

实训2-3 河蟹的出肉加工

出蟹肉也叫剔蟹肉、出蟹粉，先把蟹煮或蒸至壳红黄（需要 15 ~ 20 分钟），出肉时分腿、螯、脐、身四个部分按顺序出。在出肉前，要先备好出蟹用的工具：小擀杖、小锤子、剪子、小刀和镊子。蟹味美好吃，用蟹肉可做好多菜肴，如山东名菜“扒蟹肉菜心”、广东名菜“蟹黄扒鱼翅”、江苏名菜“清炖蟹粉狮子头”等。

1. 实训流程

选料→蒸蟹→出腿肉→出螯肉→出蟹黄→出身肉。

2. 操作步骤

1）出腿肉：将蟹腿取下，剪去一头，用擀杖向剪开的方向滚压，把腿肉挤出。

2）出螯肉：将蟹螯扳下，用菜刀拍碎蟹壳，取出蟹肉。

3）出蟹黄：先剥去蟹脐，挖出小黄，再掀下蟹盖，用竹签剔出蟹黄。

4）出身肉：用竹签顺着骨纹方向剔出蟹身肉。

3. 交流与反思

1）蒸蟹的成熟度对出肉有什么影响？

2）出蟹肉时，应掌握哪些技巧？

3）如何炒制蟹油？怎样保存？

4）你能利用“蟹粉”制作哪些菜点？

4. 实训考核（表 2-5）

表 2-5 河蟹的出肉加工实训考核

项目	蟹肉干净	蟹黄完整	肉壳分离	节约与卫生	合计
标准分	40	20	30	10	100
扣分					
实际得分					

实训2-4　鳝的出肉加工

鳝鱼又名黄鳝。我国的江南各地民间至今一直流传着“小暑鳝肉鱼赛人参”的说法。也就是说，每年6～8月，黄鳝的肉质最为肥嫩，味道最为鲜美，其营养食疗的滋补价值也最高。

黄鳝的烹调方法颇多，爆、炒、烧、炸、煎、焖、蒸、炖均可。我国江南各地多有鳝肉特色佳肴。如南京就有道名菜叫“炖生敲”，酥而不腻不碎，味浓而又鲜美可口。无锡城里有道名小吃叫“梁溪脆鳝”，十分香酥脆甜，乃是太湖游船上必不可少的特色小吃。徽菜中有道名菜叫“炒鳝糊”，其肉质十分鲜嫩，口感极佳。四川的“龙眼鳝鱼”、杭州的“虾爆鳝”，都是色香味俱佳的珍肴。

1. 实训流程

生出肉：黄鳝宰杀→开膛取内脏→去骨→取肉→备用。

熟出肉：黄鳝泡烫→划开→去内脏→取肉→备用。

2. 操作步骤

（1）生出肉

生出肉的方法有两种：一种是将鳝鱼钉在砧板上，然后用菜刀或剪刀去骨；另一种是左手握住鱼身，右手用菜刀或剪刀的刀尖将骨肉划开，再用反刀批的刀法（即右手持刀，刀背向里、刀刃向外推进原料，将原料批断），批去全部脊椎骨。

1）方法一：

①先将鳝鱼摔昏，在颈骨处下刀斩一缺口放出血，再将鳝鱼的头部按在菜板上钉住。

②用尖刀沿脊背从头至尾批开，将脊骨剔出，去其内脏，骨、肉分别放入盘中。

③洗净后，可用于批片、切丝等。

2）方法二：

①用右手的中指关节勾住黄鳝离头部15厘米左右处，然后将黄鳝用力往砧板上摔，猛击黄鳝的头部，将黄鳝击昏。

②黄鳝无力挣扎时，左手捏住鱼头，右手持刀，先在喉部横砍一刀，斩断血管，将血放尽。

③用刀尖由喉部向尾部划开，直到肛门为止，用手拉出内脏，用干抹布将黄鳝擦一遍，放砧板上。

④左手握住鱼身，右手将刀尖插入脊骨右侧或左侧，紧贴着脊椎骨向尾部划开，再用刀砍断脊椎骨。

⑤用反刀批的刀法批去全部脊椎骨，骨、肉分别放入盘中。

⑥为了保持鳝背的脆性，一般不用水冲洗鳝背，而是用干净的抹布来回擦干鳝背的血迹和黏液。

(2)熟出肉

黄鳝的熟出肉加工，就是通常说的划鳝丝。

将锅上火放入水烧沸，加入少量食盐和米醋，倒入黄鳝加盖泡烫，等黄鳝张口、身体变形时，用木棒搅拌均匀，浸泡至白涎脱落，即可捞出，放入水盆里。用清水冲洗去白涎，即可捞出划鳝丝。

所谓单背鳝丝，就是将黄鳝背的两面肉划成中间不连、两片分离的形状。方法是将黄鳝头向左，腹部朝里，放在砧板上，左手捏住黄鳝头，在颈骨处用大拇指紧掐至骨，开一个缺口，右手持划刀，竖直插入缺口，直至刀尖碰到砧板，这时用右手大拇指和食指捏住划刀，右手的后三指扶牢黄鳝背，刀刃紧贴着脊骨，刀刃碰到砧板，一直向尾部划去，这样一条黄鳝的腹部肉就划下来了。再将黄鳝翻身，背部向下，划刀紧贴着脊背插入，刀刃碰到砧板，用上述方法，划下两条背肉。这样，单背鳝丝就划好了。

所谓双背鳝丝，就是将黄鳝背两侧的肉划成中间不断、两片相连的形状。方法是先用上述方法划下一条腹部的肉，在划背部肉时先不要将划刀的刀刃碰到砧板，只是紧贴着脊骨将骨肉分离。划第二刀时，将黄鳝翻转，背脊朝向自己的身体，同时，将刀刃贴到砧板，使黄鳝的脊骨与背肉分离，这样，双背鳝丝就划好了。将划下的鳝丝，先去除内脏、瘀血，随后用清水洗干净。

划鳝丝的工具称为划刀，一般可用毛竹片、有机玻璃、铜片、钢锯条、塑料等材料制作。划刀的长度为 20 厘米，宽度为 1.5 厘米，厚度为 0.3 ~ 0.5 厘米，刀刃部的斜度为 45°。

3. 交流与反思

1)黄鳝出肉加工的方法有几种？操作方法是怎样的？

2)黄鳝泡烫时，加食盐和米醋的目的是什么？

3)生出肉后的鳝肉为什么不能用水冲洗？

4. 实训考核(表 2–6)

表 2–6 黄鳝出肉实训考核

项目	肉形平整	骨不带肉，肉不带骨	符合烹调要求	节约与卫生	合计
标准分	40	30	20	10	100
扣分					
实际得分					

实训2–5 整鱼去骨

整鱼去骨就是将整条鱼去骨或剔去主要骨骼，并使鱼身、鱼皮不破，保持原料完整形态的一种独特的烹饪技法。整鱼去骨是一项比较复杂、细致的烹饪原料切配技术，不仅要求厨师了解鱼的骨骼结构，而且要求厨师具备娴熟的刀法和精湛的运刀技巧。原料经去骨后不仅易于入味和便于食用，还可瓤填其他原料，并且可使造型美观。原料去骨后较为柔软，可以适当地改变其形状，制作成象形性的精致菜肴，如八宝瓤鱼。

整鱼去骨时，应选600克左右新鲜的鱼，初加工时不要碰破皮，内脏可不去（除骨时一起取出），若要去内脏，可从鳃口处取。鱼体肌肉较软，容易破碎，操作时要特别小心，下刀准确，用力适度。

1. 实训流程

1）鳃除法：选料→洗净→去鳞→去鳃→鳃盖划刀→斩断脊骨→平刃刀将肉骨分开→鱼尾划刀→斩断尾骨→平刃刀将肉骨分开→取出鱼刺→整理。

2）背除法：选料→洗净→去鳞→去鳃→出脊椎骨→出胸肋骨→整理。

2. 操作步骤

（1）鳃除法

1）将鱼洗净，去鳞、鳃、鳍后，从鳃部取出内脏，擦干水分。

2）将鱼平放在砧板上，掀起鳃盖，把头与脊骨连接的部位斩断（勿把肉和皮切断）。

3）用平刃钢刀或竹刀（用竹片削成钢刀形）从鳃中伸进鱼体内，紧贴鱼刺慢慢向鱼尾推进，使鱼刺和鱼肉分开，先处理腹部，再处理背部；然后将鱼翻身，用同样方法，使另一面的鱼刺和鱼肉分开。

4）从鱼尾处划刀，将尾骨斩断，注意不要割破皮（即鱼尾通过鱼皮与鱼肉仍连接着），并从鱼鳃部轻轻取出鱼刺。

此方法的优点是能保持鱼体表皮的完整无损，适合制作高档菜肴。但选料时不宜过大，过大刺硬难取，一般选用600克左右的鲜鱼为好。

（2）背除法

1）出脊椎骨。将鱼去鳞、鳃、鳍后，平放在砧板上，鱼头朝外，鱼背朝右。左手按住鱼腹，右手用刀紧贴着鱼的脊椎骨上部片进去，从鳃后到尾部片出一条刀缝，然后用按住鱼腹的左手掀一掀，使这条缝口张裂开来。再从缝口贴骨向里片，片过鱼的脊椎骨，并将鱼的胸骨与脊骨相连处片断（片时不能碰破鱼腹的肉）。当鱼身的脊椎骨与鱼肉完全分离后，将鱼翻身，使头朝里，鱼背朝右，放置在砧板上，再用同样的方法将另一面鱼肉分离椎骨。然后从背部刀口处将脊背骨拉出，在靠近鱼头和鱼尾处将脊椎骨斩断。鱼身体的整个骨架就基本取出来了，此时鱼头尾仍与鱼肉连在一起。

（2）出胸肋骨。将鱼腹朝下放在砧板上，左手从刀口处翻开鱼肉，在被割断的胸骨与脊骨相连处，胸骨根端已露出肉外，右手将刀略斜紧贴胸骨往下片进去，刀从鱼头处向尾部拉出，先将近鱼尾处的胸骨片离鱼身，再用左手将近鱼尾处的胸骨提起，用刀将近鱼头处的胸骨片离鱼身，这样一面的胸骨就全部取下。然后再将鱼翻身掉头，用同样的刀法将另一面的胸骨片去。最后将鱼身合起，外形上仍保持鱼的完整形态。

用此法去骨的鱼，适合于制作瓤馅类鱼肴等。

3. 交流与反思

1）整鱼出骨对原料有何要求？

2）整鱼出骨有哪些方法？如何操作？

3）简述整鱼出骨的操作要领。

4）整鱼出骨后的原料能制作哪些菜肴？

4. 实训考核（表 2–7）

表 2–7 整鱼去骨实训考核

项目	开口正确	表皮不破	骨肉分离	节约与卫生	合计
标准分	25	40	25	10	100
扣分					
实际得分					

任务五 家畜内脏、四肢及头尾的初加工

【知识目标】

1. 掌握家畜不同内脏的特性。
2. 掌握家畜内脏处理的不同方法。

【能力目标】

1. 能正确加工猪肚、牛肚。
2. 能对猪后腿进行分档。

【素养目标】

1. 勤俭节约，物尽其用。
2. 爱护环境，做好垃圾分类。

出肉加工就是根据烹调的要求，将动物性原料的肌肉组织从骨骼上分离出来的加工整理过程。出肉加工是制作菜肴的重要环节，是一项技术性较强的重要加工工序。出肉加工质量的优劣，不仅关系到烹饪原料的净料率、菜肴的成本和售价，还直接影响到成品菜肴的质量。

部位取料是对经过宰杀等加工的整只原料，根据其肌肉、骨骼等组织的不同部位、不同质量，采用不同刀法进行分档，并按照烹制菜肴的要求，有选择地进行取料。部位取料是一项技术性强、知识面广、细致认真的工作。若部位分不准，取料就难选，从而影响切配加工，并直接关系到菜肴的质量。

一、家畜内脏及四肢初加工的要求

家畜内脏及四肢泛指家畜的心、肝、肺、肚、肾（腰子）、肠、头、尾、舌等。由于这些原料黏液较多、污秽较重并带有油脂和脏腑的臭味，故在加工时要特别认真，使之符合以下要求。

1. 除净异味杂质

在加工这类原料时，应针对其不同的性质，采用适当的加工方法，将原料上的黏液、油脂、毛壳、污物和异味清除干净。

2. 洗涤干净

家畜内脏及四肢在经特殊处理去除黏液、油脂、毛壳等污秽后，还必须用清水反复洗涤干净，成为洁净的烹调原料。

二、部位取料的要求

1. 熟悉肌肉组织的结构及分布，把握整料的肌肉部位，准确下刀

这是部位取料的关键。质量有别的肌肉之间，往往有一层筋络隔膜，部位取料时，从隔膜处下刀，就能把部位肌肉之间的界线分清，顺膜取部位，不损伤原料，保证所取部位原料的完整及质量。

2. 掌握部位取料的先后顺序

部位取料操作时，必须从外向里循序进行，否则会破坏肌肉组织，影响取料质量。例如，猪的后腿肉，应先取臀尖肉，再取弹子肉，后取坐臀肉。只有按肌肉的先后顺序取料，才能保证部位取料的质量和数量及完整性。

3. 刀刃要紧贴骨骼操作

部位取料时，刀刃要紧贴着骨骼徐徐而进。运刀须十分小心谨慎，出骨时，骨要干净，做到骨不带肉、肉不带骨、骨肉分离。避免损伤肌肉，造成原料浪费。

4. 重复刀口要一致

部位取料操作时，常会出现刀离原料的情况。再次进刀时，一定要与上次的刀口相吻合，否则会出现刀痕混乱、刀口众多的情况，从而使碎肉渣增多、骨上带肉，影响出肉率。

三、家畜内脏及四肢初加工的方法

家畜内脏及四肢初加工的基本方法有里外翻洗法、盐醋搓洗法、刮剥洗涤法、清水漂洗法和灌水冲洗法等。有时一种原料的初加工往往需要几种方法并用才能洗涤干净。

1. 里外翻洗法

里外翻洗法主要用于肠、肚等内脏的洗涤加工。

2. 盐醋搓洗法

盐醋搓洗法主要用于洗涤黏液、污秽较多的原料，如肚、肠等。

3. 刮剥洗涤法

刮剥洗涤法主要用于去掉一些原料外皮的污垢、硬毛和硬壳等，如猪头、猪舌、牛舌等。

4. 清水漂洗法

清水漂洗法主要用于家畜的脑、脊髓等原料的初加工。

5. 灌水冲洗法

灌水冲洗法主要用于洗涤猪肺和猪肠等原料。

四、猪肉分档取料和应用特点

猪肉分档取料和应用特点如表 2-8 所示。

表 2-8　猪肉分档取料和应用特点

部位	名称	别名	分割部位	应用特点
头尾	头		从宰杀刀口至脑颈部割下	一般用于烧、煮、卤、酱等
	尾	皮打皮、节节香	从尾根部割取（根部肉称翘尾）	同上，翘尾较嫩，宜炒
前腿	肩颈肉	上脑肉、鹰嘴	背部靠颈处、在肩胛骨上方	肉质较嫩、瘦中夹肥，适于炸、熘，如制作咕咾肉、氽肉汤
	夹心肉	挡朝肉、前夹	肩颈肉下部、前肘上方	肉质较多，筋膜多，宜于制馅、制蓉；排骨部分称小排骨、仔排骨，可制作红烧排骨、糖醋排骨、椒盐排骨或煮汤
	前肘	前蹄膀	在骱骨处斩下，去膝以下部分	皮厚胶质重，瘦肉多，宜白煮、红烧，制作捆蹄等
	颈肉	糟头、血脖、脖扣	在脑颈骨处直线切下	肉质差，肥瘦不分，一般用作馅料
	前爪	前蹄、猪手	前膝下的脚爪	只有筋、骨，宜红烧、小煮、炖汤等，又可从中抽取蹄筋

续表

部位	名称	别名	分割部位	应用特点
腹背	脊背	外脊、通脊、夹脊	肩颈肉后至尾部的脊部骨称大排骨，肉称扁担肉	扁担肉筋少肉多，可供炸、煎、烤；大排骨，可红烧、炖汤
	里脊	腰脊、腰柳	猪肾上方、贴分水骨底的一条长肉	为全猪最嫩之肉，可炒、爆、炸、熘、汆等
	五花肋条	花肉、腰牌、三花肉、四层肉、五花肉	脊背下方、奶脯上方、前后腿之间的部分。偏上部分称硬肋，又称硬五花、上五花；偏下无骨部分称软肋，又称下五花	肋条肉可供割取方肉。硬肋肉坚实质好，肥多瘦少；软肋较松软，宜烧、焖、蒸、扣、炖、煮、烤及做砂锅菜等
	奶脯	拖泥、下膛、肚囊、泡泡肥	腹下部	肉质差，多为泡囊肥肉，肉可熬油，皮可熬冻
	臀尖肉	盖板肉	臀的上部	肉质佳，多瘦肉，质很嫩，可代里脊肉用
后腿	坐臀肉	坐板肉、底板肉	臀尖之下，弹子肉与磨裆肉之上	肉质较老，可供制作白切、回锅肉
	黄瓜肉	肉瓜子、葫芦肉	附于坐臀，长圆形如黄瓜状，色稍淡	肉质较嫩，肌纤长，无筋，宜做肉丝等供爆、炒
	三叉肉		紧贴坐臀上的肉，后腿向上一点的部位	肉质稍硬，纤维稍粗，浅红色，适于做肉丁、肉段及切肉丝、肉片等
	弹子肉	后腿肉、拳头肉	后蹄膀上部，靠腹的一侧	肉细嫩，但有筋，肌纤维纵横交叉，可供爆、炒、烧，也可代里脊用
	磨裆肉	抹裆	尾下，后腿后部	肉质细嫩，肌纤维长，筋少，宜炒、熘、炸、爆，也可代里脊用
	后肘	后蹄膀、豚蹄、圆蹄、大肘花后蹄	后腿膝以上部分	皮厚筋多，胶质多，瘦肉多，宜酱、卤、烧、煮、扒、炖
	后爪	后蹄、猪脚	后肘膝以下部分	同前爪

实训2-6 猪肚、猪肠初加工

猪肚、猪肠是餐馆中常用于制作菜肴的原料，既可以广泛用作各种菜肴的配料，也可作为主料单独制成菜品，还可以用猪肚、猪肠制作出一些地方名菜，如广东名菜“猪肚包鸡”（凤凰投胎）、山东名菜“九转大肠”等，不少人都喜食猪肚、猪肠制作的菜肴。猪肚、猪肠是猪的消化系统，污秽、黏液较多，还带有一股腥臭味，所以要选择正确的初加工方法，否则会影响美食兴趣。

1. 实训流程

选料→搓洗→洗涤→焯水→刮剥→煮制→半成品。

2. 操作步骤

1）将猪肚、猪肠上面附着的油脂去掉，放入盆内加盐、醋搓洗一遍，再用清水洗一遍，然后将猪肚、猪肠的里面翻过来，再加盐、醋搓洗净黏液，用清水反复洗涤干净。

2）将洗涤干净的猪肚、猪肠入冷水锅中煮透取出，切去猪肠根部的毛，刮净猪肚上面的黄皮，再用清水洗净。

3）锅中加入清水和焯过水的猪肠、猪肚以及适量的葱、姜，用旺火烧开并打去浮沫，加黄酒，用微火煮烂，捞出用凉水洗净即好。煮烂的猪肠、猪肚必须用清水浸泡，否则猪肚、猪肠的色泽会变黑，影响质量。

3. 交流与反思

1）家畜内脏及四肢初加工的基本方法有哪些？

2）猪肚、猪肠采用了哪些初加工方法？

3）猪肚、猪肠加工不到位对成品有什么影响？

4. 实训考核（表 2-9）

表 2-9 猪肚、猪肠初加工实训考核

项目	有无异味	干净程度	成熟度	节约与卫生	合计
标准分	40	30	20	10	100
扣分					
实际得分					

 实训2-7 猪后腿的分解

猪腿指后腿和前腿。猪后腿主要有三根骨头：一根是直筒骨，上下走向；一根叫扁担骨，偏斜走向；一根是背尾脊骨，实际上是猪背脊骨末端的一部分。背尾脊骨与扁担骨连为一体，但连接处并不厚，可用斩刀剁断。扁担骨与直筒骨通过关节相连，背尾脊骨和扁担骨部分露出表面，直筒骨深埋肉中。

1. 实训流程

斩断连接处→剔尾脊骨→剔肉→割断筋、腱→出扁担骨→剔直筒骨→小骨。

2. 操作步骤

先斩断背尾脊骨与扁担骨的连接处，剔去背尾脊骨；接着剔净扁担骨上的肉，使之显露出与直筒骨相连接的关节，用刀尖、刀根或小的尖刀割断关节四周的筋、腱、软组织，并使直筒骨与扁担骨分离，然后取出扁担骨。最后，剖开直筒骨上的肉，使直筒骨暴露，剔去直筒骨。在直筒骨的另一端，还会剩有一块小骨，要注意剔净。

猪后腿分档：

1）上层肉。这层肉主要指三块肉，即磨裆肉、臀尖肉、弹子肉。这三块肉质地均较嫩，多用于切丝、片、丁等。

2）下层肉。下层肉就是把上层肉去掉以后所剩下的肉。这层也由三块肉组成，即坐臀肉、黄瓜肉、三叉肉。坐臀肉质老，黄瓜肉较老，可切片、丁等；三叉肉较嫩，宜切片、丁等。

在分档后腿时，必须注意以筋膜为线索下刀，避免各块肉的组织被破坏，提高原料的利用率。

3. 交流与反思

1）猪后腿主要有几根骨头？分别叫什么名称？

2）猪后腿上层肉有几块肉？适宜做哪些菜肴？

3）猪后腿下层肉有几块肉？适宜加工什么形状？

4. 实训考核（表 2-10）

表 2-10 猪后腿分解实训考核

项目	下刀部位准确	部位完整、不碎	骨肉分离干净	节约与卫生	合计
标准分	20	40	30	10	100
扣分					
实际得分					

项目三　干货原料的选料与涨发

 了解干货原料涨发的基本原理与要求

【知识目标】

1. 掌握水发、油发和碱发的原理。
2. 理解原料涨发的工艺要求。

【能力目标】

1. 能阐述水发和油发的原理。
2. 能阐述原料涨发阶段的物理变化特点。

【素养目标】

1. 合理利用涨发原料知识，不加工变质干货原料。
2. 爱护环境，做好垃圾分类。

干货原料简称干货或干料，是指对新鲜的动植物性烹饪原料采用晒干、风干、烘干、腌制等工序，使其脱水，从而干制成易于保存、运输的烹饪原料。

干货原料涨发是一种利用干货原料的物理性质，采用各种方法，使干货原料重新吸收水分，最大限度地恢复其原有的鲜嫩、松软、爽脆的状态，并除去原料的异味和杂质，使之合乎食用要求的加工过程。涨发后的干货原料在烹调中应用广泛。涨发效果可直接影响到原料的烹调和菜品的质量，所以，这一环节在菜肴制作中意义重大。

 一、干货原料涨发的基本原理

（一）水发原理

无论是动物性烹饪原料还是植物性烹饪原料，干制后都要失去大部分水分，涨发的目的就是要最大限度地使其恢复到原来的状态。但由于种种原因，要使干货原料完全恢复到原来状态几乎是不可能的。因此，只能部分地将其复原，如含水量、质地等。水发干货原料，就是利用水的溶解性、渗透性及原料成分中所含有的亲水基团，使原料失去的水分得以复原。只有这样，才能使原料中含有的可溶性风味物质得以再现，使原料适合烹调要求和人们的饮食习惯。干货原料经涨发后，所吸收的水分大部分进入细胞内，其吸水的途径有三个方面。

1）通过细胞膜的通透性吸水。烹饪原料干制后，细胞中水分大量减少，细胞内的干物质浓度增大。由于浓度差的作用，细胞外的水分开始向细胞内渗透，表现为整个原料大量吸水，直到细胞内外的渗透压达到平衡为止。此时细胞对水的吸收为被动吸收。

2）含有的亲水基团，如—CHO、—OH、$—NH_2$ 等吸水。

3）通过毛细现象吸水。烹饪原料经干制后，因大量失水而呈蜂窝状，形成许多类似毛细小孔的通道，由此，通过毛细现象又可吸收一部分水。

（二）油发原理

适合油发的干货原料大多含有丰富的胶原蛋白，油发时原料的含水量不能太大，油的温度也不能太高，一般油温在60℃左右时开始下料，然后慢慢升温。

1. 油发时干货原料的物理化学变化

烹饪原料经干制后，仍含有一定量的结合水，这部分结合水是干货原料得以涨发的关键因素。干货原料的含水量要适宜，既不能太多也不能太少。太多时，进入干货原料内部的热量只能使整个干货原料由初始温度上升到使干货原料内部水分开始汽化之前的状态，这时表面蛋白质已变性形成一层不可伸缩的保护层。此时，如继续对原料加热，即使干货原料内部水分汽化，也不足以使整个干货原料膨胀。如果所含水分太少，就没有足够的水分汽化使干货原料膨胀。

2. 涨发的三个阶段

第一阶段是干货原料受热回软。当干货原料在油中加热到60℃左右时，胶原蛋白具有伸缩性，开始逐渐回软，体积收缩。第二个阶段是小汽室形成长大。干货原料回软后，若继续升温，干货原料中所含的水分便开始汽化逐渐形成小汽室，随着温度的升高及时间的延长，小汽室越来越大，当胶原蛋白分子发生变性失去弹性时，强度也随之降低，因此，气体从小汽室逸出，原料基本按原体积固定下来。从外观表现上看，整个干货原料已经蓬松，油面出现气泡，干货原料体积成倍增大。第三个阶段为浸泡吸水回软阶段。将蓬松的油发原料经热碱水浸泡，清水漂洗使原料吸水回软。原料对水的吸收主要靠毛细现象。

（三）碱发原理

1. 适合碱发的干货原料的特点

适合碱发的干货原料均为海产软体动物，其干制后含水量较低，质地较油发的干货原料（如干肉皮、蹄筋）略松散些，保气性也较差些。但海产软体动物在长期的生物进化过程中，为了抵御海水的侵蚀，身体表面有一层由内分泌物组成的致密膜，这层膜具有很强的防水性，尤其原料干制后，变得更加致密，成为一层防水保护膜。

2. 碱发时干货原料的物理化学变化

把适合碱发的干货原料放入碱液中，碱首先对防水保护膜起作用。这层膜由脂肪等物质构成，与碱作用，可发生水解、皂化等一系列反应，从而把这层防水保护膜腐蚀掉，使水能顺利地与原料结合。这时，原料对水的吸收一部分是蛋白质的水化作用，另一部分是毛细现象。其次，在蛋白质分子间，有—NH、—CHO、—OH等亲水基团，经碱液浸泡处理后，上述基团大量暴露出来，增加了蛋白质的水化能力。另外，由于蛋白质的胶凝作用可使水分散在蛋白质中，在这种分散体系中，蛋白质以凝胶和溶胶的混合状态存在，具有一定的形状和弹性，而蛋白质的水化作用与蛋白质的等电点及溶液的pH等密切相关，在等电点时，整个蛋白质分子呈中性，水化作用最弱，因此，在等电点时，蛋白质的溶解度最小。加入碱后，可改变溶液的pH，使pH远离蛋白质的等电点，增加蛋白质分子表面的电荷数，加强了蛋白质的水化能力，从而增强了吸水能力。碱发后的原料要用冷水漂洗掉碱味，这样可促使其进一步涨发，其原理类似于蛋白质盐析的逆过程。

经碱发后的原料和冷水可被看成两个分散体系。当经碱发后的干货原料放在冷水中时，相当于一个半透膜，溶液的渗透压取决于所含物质的浓度。对碱发后的原料及水而言，由于原料内含有一定的盐类及大分子的蛋白质，其渗透压对于纯水来讲，仍然是高渗透压的一侧。因此，水分子可通过原料表面继续进入干货原料内部，而原来的碱可通过干货原料进入水中，这样既可去除碱味，又达到了进一步涨发的目的。

二、干货原料应用广泛

鲜活的高档原料如燕窝、海参等，通常先制成干货原料，烹调前再进行涨发，以保证其味道、质地与鲜活时相近。还有许多原料像莲子、玉兰片、黄花菜、香菇、木耳等，干制涨发后则具有独特的风味。

1）作菜肴主料使用，具有特殊风味。干货原料中的山珍海味在烹调中大多作为主料使用，它们在宴席的大菜或主要菜肴中，具有独特的风味特点，形成了许多脍炙人口的名菜，如葱烧海参、蒜子鱼皮等。

2）作菜肴的配料使用，具有特殊风格。干货原料涨发后由于其松软、脆嫩、味美等特点，因此在与其他原料组成配合时可形成特殊风格，如干贝珍珠笋、猴头蘑扒菜心、香菇炖鸡等。

3）作菜肴的馅料使用，具有特殊味道。涨发后的许多干货原料，如干贝、鱼肚、海参、海米等，可用作菜肴的馅料使用，具有特殊味道。

三、干货原料涨发的要求

干货原料涨发是一个较复杂的过程，尤其是高档的山珍海味，如燕窝等干货原料，涨发的质量决定着成菜的品位和档次。因此，对干货原料进行涨发须注意以下要求：

1）干货原料涨发要使原料恢复其原有的鲜嫩、松软、脆爽的状态。

2）干货原料涨发要除去原料的腥臊等异味和杂质。

3）干货原料涨发要使原料便于切配，从而形成各种形态。

4）干货原料涨发要方法得当，使原料达到最大出成率。

5）干货原料涨发要以菜肴质量标准为依据，在色泽、质感、形态上应达到菜肴质量要求。

任务二 水发

【知识目标】

1. 掌握冷水浸发和漂发的应用特点。
2. 理解热水泡发、煮发、焖发和蒸发的特点。

【能力目标】

1. 会涨发木耳、蘑菇和粉丝。
2. 会用热水涨发笋干和海参。

【素养目标】

1. 统筹利用水，不浪费水资源。
2. 爱护环境，做好垃圾分类。

水发是利用细胞内外渗透压的不同及水对干货原料毛细管的浸润作用，使干货原料吸水膨润、体积增大、质地回软的涨发方法。此法在干货原料涨发中应用范围最广，即使原料采用其他涨发方法，也必须再用水发处理。

水发可分为冷水发和热水发两大类。

一、冷水发

将干制原料放在冷水中，使其自然吸收水分，尽可能恢复新鲜时的软嫩状态，或漂去干料中的杂质和异味，这种发料方法称为冷水发。

冷水发适用于体小质软的干料，如木耳、香菇等。冷水发又分浸发和漂发两种。

1. 浸发

浸发（图 3-1）就是将干货原料直接用冷水浸没，使原料自然涨发的一种方法。

浸发一般将体小质嫩的干料直接用冷水浸透，如香菇、口蘑、银耳、木耳、黄花菜等。质地较老或带有涩味的蕈类，如草菇、黄菇等，在浸透后需漂洗几遍。在冬季或急用时，可适当加些热水。室内温度较高要勤换水，防止原料变质。

图 3-1 浸发

浸发还可与其他发料方法相配合，适用于质地干老、肉厚皮硬或带毛、夹沙、带骨的干料，如燕窝、螟脯（墨鱼鲞）、驼峰、海参等。在用其他发料方法加工之前，要先在冷水中浸至回软，以便于对原料的下一步加工。

2. 漂发

漂发就是把干料放在水中，不时地搅拌或挤捏，或用流水缓缓地冲，让其继续吸水膨胀，去除杂质和异味的一种方法。

漂发也是整个发料的最后一道工序，有助于再次减轻腥臊气味、碱味等异味和杂质。

二、热水发

热水发就是把干料放在热水中，用各种加热方法，使干料体内的分子加速运动，加快吸收水分，使干料成为松软嫩滑的全熟或半熟的半成品。其具体方法有泡发、煮发、焖发和蒸发。

1. 泡发

泡发（图 3-2）就是把干料放入热水中浸泡而不加热，使其变软或直接发透，适用于一些体小、质微硬的干料，如银鱼、粉丝等。还可以与其他发料方法配合使用。

图 3-2 泡发

2. 煮发

煮发是将原料放在水中，在火上加热并保持沸腾，促使原料加速吸水的一种涨发方法。煮发适用于质地坚硬、体大、腥臊气味重的干料，如海参、螟脯等干料，但在煮前要用冷水或热水泡一段时间。

3. 焖发

焖发就是将原料放入锅中煮到一定程度，改用微火或离火加盖焖一段时间，使原料内外发透的一种方法。焖发是煮发的后续，适用于形体较大、质地坚硬、腥臊味较重的干料，如牛筋、鲍鱼等干料。

4. 蒸发

蒸发就是把干料放入盛器内，加少量水或鸡汤、黄酒等，置笼中加热，利用水蒸气使原料发透。其适合于一些体小易碎易散的干料，如干贝、莲子。也可作为煮发、焖发的后续涨发过程，如海参、鲍鱼等干料。

实训3-1　干菌的涨发

食用干菌作为一种天然食品，味道鲜美，风味独特，尤其是一些名贵的食用菌，历来是宴席佳肴中不可或缺的“美味山珍”。中国已知的食用菌有350多种，常见的有香菇、草菇、木耳、银耳、猴头菇、竹荪、松口蘑（松茸）、口蘑、红菇和牛肝菌等。食用菌不仅味美，而且营养丰富，常被人们称作健康食品，如香菇含有人体必需的各种氨基酸，香菇、金针菇、猴头菇中含有增强人体抗癌能力的物质。

干菌涨发一般加冷水浸泡，使其缓慢地吸水，待体积全部膨大后，除根，漂洗干净即成。涨发大约需2小时，冬季或急用时可用温水泡发。下面以香菇涨发为例介绍。

1. 实训流程

浸发→去根→洗净→备用。

2. 操作步骤

1）将干香菇放入容器内，倒入70℃左右温水加盖焖2小时左右使其内无硬茬。

2）用手或木棍顺一个方向搅动，使菌褶中的泥沙落下。

3）片刻后将香菇捞出（原浸汁水可滤沉渣留用），剪去香菇根，清水洗净备用。

说明：香菇需用热水浸泡，因为香菇细胞内含有核糖核酸，受热（70℃）后分解成5’-鸟苷酸，5’-鸟苷酸味鲜（高于味精鲜度160倍）。若用冷水浸泡则核糖核酸酶活力很强，可使5’-鸟苷酸继续分解成核酸，失去鲜味。但若用70℃以上的热水则使酶失去活性，若用沸水则易使香菇外皮产生裂纹，使风味物质散发流失。

3. 交流与反思

1）香菇涨发应掌握哪些操作要领？

2）香菇为什么要用热水涨发？

4. 实训考核（表 3–1）

表 3–1 干菌涨发实训考核

项目	涨发方法正确	符合烹调要求	涨发率达标	节约与卫生	合计
标准分	30	30	30	10	100
扣分					
实际得分					

实训3–2 笋干的涨发

中国是世界上产竹最多的国家之一。浙江临安素有“中国笋竹城”的美誉，是全国出产笋最多的市镇之一。清流县（属福建省三明市）加工的“闽笋干”，色泽金黄，呈半透明状，片宽节短，肉厚脆嫩，香气郁郁，称为“玉兰片”，是“八闽山珍”之一，在国内外名菜作料中久负盛名。笋干不仅辅佐名菜，而且有相当高的营养和药用价值。笋干含有多种维生素和纤维素，具有防癌、抗癌作用。

笋干以笋为原料，通过去壳、蒸煮、压片、烘干、整形等工艺制取。所以，笋干食用前必须经过涨发。玉兰片是笋干中较嫩的干货原料，不能用一般的笋干涨发法。

1. 实训流程

泡发→煮发→浸发→煮发→浸发→洗涤→备用。

2. 操作步骤

1）先将玉兰笋放入淘米水中浸泡 10 小时以上至稍软，捞出。

2）放入冷水锅中煮焖至软，取出后片成片，放入盆中加沸水浸泡至水温凉时再换沸水。

3）如此反复几次，直到笋片泡开发透为止，最后捞出转用冷水浸泡备用。

说明：煮发玉兰笋时不要用铁锅，以防止原料发黑；在煮发过程中应随时将发好的笋挑出，以防涨发过度（玉兰笋用刀割开没有白茬时即为发透）；用淘米水浸泡可使玉兰笋色泽白净。

3. 交流与反思

1）煮发玉兰笋时，为什么不能用铁锅？

2）涨发玉兰笋时应掌握哪些操作要领？

3）用淘米水浸泡玉兰笋的目的是什么？

4. 实训考核（表 3–2）

表 3–2 笋干涨发实训考核

项目	涨发方法正确	符合要求	涨发率高	节约与卫生	合计
标准分	30	30	30	10	100
扣分					
实际得分					

实训3-3　海参的涨发

海参又名刺参、海鼠、海瓜，是一种名贵海产动物，因补益作用类似人参而得名。海参肉质软嫩，营养丰富，是典型的高蛋白、低脂肪食物，滋味腴美，风味高雅，是久负盛名的名馔佳肴，是海味"八珍"之一，在餐桌上往往扮演着"压台轴"的角色。

海参常作席上的主菜，为各菜系所广泛应用。经发制后宜用多种烹调方法，最宜烧、扒、烩、熘，也可汆汤、做馅。肉质软滑柔嫩，口感爽脆腴美。由于海参本身并没有明显滋味，制作时必须辅助以高汤来增进滋味。

海参涨发时的盛器和水一般不可沾油、碱、盐，油可使海参溶化，碱易使海参腐烂，而盐使海参不易发透。

1. 实训流程

浸发→煮发→剖腹洗涤→煮发→焖发→冰发→冷水浸泡→备用。

2. 操作步骤

1）将海参放入干净的陶瓷锅中，加沸水泡焖 12 小时后换一次沸水。

2）海参参体回软时，剖腹去肠杂并洗净，放入沸水锅煮 0.5 小时后用原水浸泡 12 小时，再换沸水烧煮 5 分钟，仍用原水浸泡。

3）如此反复几次，直至海参软糯富有弹性即可捞出。

4）将发好的海参放入自来水中，加入冰块降温后捞出，放入备好的纯净水中浸泡，置于冰箱保鲜层，浸泡 24 ~ 48 小时（中间换一次水）。1 ~ 2 天后海参会迅速长大，长到干参体重的十余倍，而且弹性特好，吃起来有爽脆滑糯感。水发涨发时间长，涨发率较高，一般 1 千克干货原料可涨发成 5 ~ 6 千克湿料。

说明：海参水发应泡煮结合，多泡、少煮，且视海参的品种与质地而定。如花瓶参、乌条参、红旗参等皮薄肉厚嫩的海参，可用少煮多泡的方法。

3. 实训考核（表 3–3）

表 3–3　海参涨发实训考核

项目	涨发方法正确	符合要求	涨发率高	节约与卫生	合计
标准分	30	30	30	10	100
扣分					
实际得分					

任务三 碱发

【知识目标】

1. 掌握碱粉发和碱水发的区别。
2. 理解碱水涨发鱿鱼和燕窝的关键点。

【能力目标】

1. 能配置涨发碱水。
2. 能用碱水方法涨发鱿鱼和燕窝。

【素养目标】

1. 具有团队意识，合作完成燕窝涨发。
2. 爱护环境，做好垃圾分类。

碱发是一种特殊的发料方法，与水发有着密切的联系。碱发是将干料先用清水浸泡，然后放入碱溶液中，利用碱的脱脂和腐蚀作用，使干货原料膨胀松软的一种发料方法。

碱发方法有碱粉（纯碱）发和碱水发两种。

一、碱粉发

碱粉发是指先将干料用冷水或温水泡至回软，剞上花刀，切成小块，蘸满碱粉，涨发时再用开水冲烫，最后用清水漂洗。

二、碱水发

碱水发就是将干料放入配置好的碱溶液中，使之浸发涨大。涨发前应先将干料用清水浸泡，使外层柔软，再放入碱水中泡发。

所用碱溶液一般有生碱水和熟碱水，其调制方法如下：

1）生碱水是用纯碱 500 克、凉水 10 千克调匀溶化。特点是涨发的原料比较滑腻，涨发速度慢，操作工序复杂，涨发好的原料色暗。

2）熟碱水是用纯碱 500 克、生石灰 200 克、沸水 5 千克放一起搅匀，再加凉水 5 千克，冷却后过滤、澄清、去渣而成。特点是溶液汁清而不腻手，涨发的原料不黏滑，色泽亮净，涨发力强。

碱水发应注意以下几个问题：调制碱溶液的浓度是关键；要掌握好涨发的时间；干料在碱发之前，先用冷水浸泡，再放入碱水中；原料用碱涨发好后，必须用冷水反复漂洗，去净碱味。

实训3-4　鱿鱼的涨发

虽然习惯上称鱿鱼为鱼，其实它并不是鱼，而是生活在海洋中的软体动物。鱿鱼体内具有两片鳃作为呼吸器官；身体分为头部、很短的颈部和躯干部。鱿鱼有两种：一种是躯干部较肥大的鱿鱼，别称“枪乌贼”；另一种是躯干部细长的鱿鱼，别称“柔鱼”，小的柔鱼俗称“小管仔”。鱿鱼富含蛋白质、钙、磷、铁等，并含有十分丰富的硒、碘、锰、铜等微量元素。鱿鱼适合于水煮、油炸、铁扒等烹调方法。

干鱿鱼一般采用碱水发、碱粉发两种涨法方法。

1. 实训流程

1）碱水发：浸发→撕衣膜→熟碱水发→漂洗→浸泡→备用。

2）碱粉发：浸发→去头骨→剞花刀→改块→蘸碱粉→沸水泡发→漂洗→浸泡→备用。

2. 操作步骤

（1）碱水发

1）将鱿鱼放入冷水中浸泡至软，撕掉外层衣膜（里面一层衣膜不能撕掉）和角质内壳（半透明的角质片）。

2）将头部与鱼体分开，放入生碱水或熟碱水中，浸泡 8 ~ 12 小时即可发透。如涨发不透可继续浸泡至透。

3）用冷水漂洗四五次，去掉碱味，再放冷水盆中浸泡备用。

（2）碱粉发

1）将鱿鱼用冷水浸泡至软，除去头骨，只留身体部分。

2）按烹调要求，在鱿鱼上剞上花刀或片成片，改成小形状，滚匀碱粉。

3）放容器内置阴凉干燥处，一般经 8 小时即可取出。

4）用开水冲烫至涨发，再清水漂去碱味，冷水浸泡备用。

也可将蘸上碱粉的鱿鱼存放 7 ~ 10 天，随用随取，烫发漂碱即成。一般 1 千克干货原料可涨发成 5 ~ 6 千克的湿料。

说明：在涨发过程中，切忌用碱泡发时间过长，以免腐蚀鱼体而影响质量。一般鱿鱼呈淡红色或粉红色，肉质具有一定的弹性即为发透。

3. 交流与反思

1）分别举例说明鱿鱼两种发料的操作过程。

2）试述碱粉发鱿鱼的操作要领和涨发率。

4. 实训考核（表 3-4）

表 3-4 鱿鱼涨发实训考核

项目	涨发方法正确	符合要求	涨发率高	节约与卫生	合计
标准分	30	30	30	10	100
扣分					
实际得分					

实训3-5 燕窝的涨发

燕窝又称燕菜、燕根、燕蔬菜，为雨燕科动物金丝燕及多种同属燕类用唾液与绒羽等混合凝结所筑成的巢窝，形似元宝，主要产于我国南海诸岛及东南亚各国。燕窝因采集时间不同可分为三种：白燕（又称宫燕）、毛燕、血燕。燕窝的营养较高，为高级烹饪原料和滋补品，是中国传统名贵食品之一。

1. 实训流程

沸水泡软→拣毛→提质→漂洗→备用。

2. 操作步骤

1）将燕窝用沸水浸泡发软，再用温水漂洗干净。

2）把洗好的燕窝放入冷水中，使其自然漂浮，用小镊子仔细拣净其中绒毛，再换冷水浸泡。

3）将浸泡的净燕窝放入容器内加入碱粉和沸水焖至水转凉，使其迅速涨发（体积增大 3 倍），以手捻有柔软滑嫩之感、不发硬为标准。如涨发不足可重复一次。提质是燕窝涨发的关键步骤。通常 15 克燕窝加碱粉 3 克、沸水 750 克。

4）将提好质的燕窝用冷水漂洗两次，去掉碱分、涩味即成半成品。

3. 交流与反思

1）燕窝因采集时间不同可分为哪几种？每种有何特点？

2）何为燕窝提质？碱水如何配制？

4. 实训考核（表 3-5）

表 3-5 燕窝涨发实训考核

项目	涨发方法正确	符合要求	涨发率高	节约与卫生	合计
标准分	30	30	30	10	100
扣分					
实际得分					

任务四　油发、盐发及其他涨发

【知识目标】

1. 掌握油发的操作步骤。
2. 了解盐发与其他涨发方法。

【能力目标】

能涨发牛蹄筋等干货原料。

【素养目标】

具有团队意识，合作完成牛蹄筋涨发。

一、油发

油发就是把干货原料放在一定量的油中，以没过原料为宜，经过加热使其组织膨胀疏松，成为全熟的半成品的涨发方法。

油发适用于胶质丰富、结缔组织多的干料，如蹄筋、干肉皮、鱼肚等。具体操作如下：

1. 检查原料

油发前要先检查原料是否干燥或变质。

2. 凉油或温油浸泡

油发原料要先用凉油或温油下锅，逐渐用微火加热，这样易发透。当用凉油或温油浸泡至干料收缩时，可以转入下一涨发工序。

3. 热油冲发

将油温逐渐提高到 120℃左右，原料逐渐由软变硬，开始发生膨胀，并慢慢浮到油面，随着油温的升高（不要超过 150℃）和时间的延长，膨化也越明显，直至把原料全部膨胀发透为止。

4. 浸泡回软

将发好的原料放入 1% 的纯碱溶液中浸泡，直至回软，洗去油污，再用清水漂去碱味。

牛蹄筋的营养价值

牛蹄筋味甘，性温，入脾、肾经，有益气补虚、温中暖中的作用，可治虚劳羸瘦、腰膝酸软、产后虚冷、腹痛寒疝、中虚反胃。

牛蹄筋具有营养价值高、保健功能强、食用口感佳的特点，向来为筵席上品，食用历史悠久。

牛蹄筋含有丰富的胶原蛋白质和生物钙，脂肪含量也比肥肉低，并且不含胆固醇，能增强细胞生理代谢。

其中，胶原蛋白被肠道吸收后，可使皮肤白嫩、滋润，富有弹性，延缓皮肤的衰老；牛蹄筋中的生物钙，吸收率在70%以上，具有强筋壮骨的功效，对腰膝酸软、身体瘦弱者有很好的食疗作用，有助于青少年生长发育，并可减缓中老年妇女的骨质疏松。

二、盐发

盐发就是将干货原料埋入已加热的盐中继续加热，使干货原料膨胀松脆成为半成品的方法。盐发的作用和原理与油发基本相同，适用于鱼肚、肉皮、蹄筋等胶质含量丰富的动物性干货原料。盐发一般需经过晾干、盐炒、浸泡洗三个工序。

三、其他涨发方法

有的地区采用硼砂（$Na_2B_4O_7 \cdot 10H_2O$）涨发。硼砂属强碱弱酸盐，其性质和纯碱溶液大体相近，只是碱性略小些，涨发方法类似碱发。硼砂与烧碱（NaOH）、水等兑成一定比例的混合液，不仅碱性强，而且碱性较持久，是涨发鱿鱼、墨鱼等的较好的涨发液。

火发是将带有毛、鳞、角、硬皮的干货原料用火熏烤，待表皮烤至可以去掉时，再与其他方法结合进行涨发的方法。火发并不是用火直接涨发，而是针对某些比较特殊的干货原料，在涨发时必须经过一个用火烧烤的过程。如岩参、乌参等，外皮坚硬，直接水发不易达到涨发效果，于是先用火将其外皮烤焦，并把烧焦的外皮刮去，然后反复用沸水泡发。火发具体可分为烤、刮、浸、煮、发等工序。

实训3-6 涨发猪蹄筋

猪蹄筋即连接关节的肌腱，人工抽出后干制而成。它分前蹄与后蹄两种。后蹄的筋质量好，一端呈圆形，另一端分开两条，也都是圆形。前蹄的筋质量差，筋短小，一端呈扁形，另一端分开两条，也呈扁形。蹄筋由胶原蛋白与弹性蛋白构成。胶原蛋白可以被消化，但其营养价值远不如肌肉组织的蛋白质，营养价值不高，但因其富含胶质，质地柔软，所以在烹调中常用作筵席菜肴的原料。

蹄筋的涨发方法很多，常用的方法有水发、油发、水油混合发等。

1. 实训流程

1）油发：温水洗净→晾干→冷油或温油中放料→温油浸透→热油涨发→温水或碱水浸泡回软→冷水漂洗→备用。

2）水油混合发：洗净→晾干→入油锅（冷油或温油）→热油浸炸→原料收缩→捞出→淡碱水浸泡→冷水浸泡→备用。

2. 操作步骤

（1）油发

1）将蹄筋用温水洗净，尽量剔除其中所含杂质、残肉，然后晾干。

2）在锅中加油（用量为蹄筋重量的 3 倍左右），点火的同时，将蹄筋投入冷油锅中与油一起加热。温油浸润阶段，油温 95℃以上（冷油锅），时间 6 ~ 8 分钟（个大厚实者增加时间）。

3）起初，随油温升高蹄筋会略见收缩，但随即起泡膨大，表面呈蜂窝状并浮起于油面。初见蹄筋上出现白色气泡时，应及时将火关小，并勤加翻动浮于油面的蹄筋使之受热均匀。热油蕴发阶段，油温为 115℃ ±5℃，时间 40 ~ 45 分钟。

4）待蹄筋气泡缩小后，再开火加温继续膨发；热油促发阶段，油温为 135℃ ~ 140℃，时间 10 ~ 12 分钟。

5）锅中油温继续加热，同时将浮起的蹄筋压入锅中，这样便可相对控制蹄筋的涨发速度，保证其涨发饱满，膨化均匀，酥松透里，内无硬心。高温炸发阶段，油温为 210℃ ~ 215℃，时间 2 ~ 3 分钟。

6）膨胀疏松的蹄筋在锅中，经几番调控使全部蹄筋膨化浮起后，可取出一根试将之折断，确认其质脆而内无白茬硬心时，捞出沥油。老化定型阶段，油温为 200℃ ~ 210℃，时间 1 ~ 2 分钟。

7）油发蹄筋烹调前，经温碱水浸泡、清水漂洗使原料吸水，漂洗去碱味，清水浸泡备用。

（2）水油混合发蹄筋（半油发或半油半水发）

1）将蹄筋洗净，剔除其中所含杂质、残肉，而后晾干。

2）在锅内加油（量足够浸没蹄筋）烧温后，放入蹄筋用微火焐透。

3）将蹄筋捞出，用热淡碱水洗去外表的油脂，再放入淡碱水中（5% 浓度的食碱水）浸湿涨发，直至蹄筋吸水后膨发饱满。

4）发好的蹄筋，烹调前需用温水充分漂洗，以去其碱分，清水浸泡。

说明：

1）油发蹄筋使用的必须是清油，而不能是炸过鱼（肉）的混油，否则将会影响油发蹄筋的色泽和口味。

2）不同方法涨发蹄筋各有利弊。如水发蹄筋制成菜肴后，能保持蹄筋特有的滑润柔糯口感，但水发蹄筋在烹制中不易入味，久煮则会溶化。油发蹄筋涨发效果好，油发后蹄筋上遍布细孔，利于蕴含卤汁，故而烹成菜肴后口感较好，但油发蹄筋在口感上与油发肉皮无异，而蹄筋和肉皮在质、价上相去甚远，以高质高价换得低质低价食品的口感，当然不合算。盐发蹄筋无须用油，方便而简单，但制成品常带有一股咸苦味，故餐饮企业使用较少。半油发蹄筋具有涨发量高的优点，掌握得好，100 克干蹄筋可出 500~600 克成品，且发成的蹄筋色白如玉、质柔如糯、滑润爽口，但是半油发的方法比较复杂，普通厨师不容易准确掌握。为此，实用选择哪种方法，需视具体情况决定。

3. 交流与反思

1）干蹄筋有哪些特点？适合哪些涨发方法？

2）油发蹄筋应掌握哪些操作要领？

3）试比较猪蹄筋采用油发、水发、半油发三种涨发方法的异同点。

4. 实训考核（表 3–6）

表 3–6　猪蹄筋涨发实训考核

项目	涨发方法正确	符合要求	涨发率高	节约与卫生	合计
标准分	30	30	30	10	100
扣分					
实际得分					

项目四　原料的预制加工

任务一 上浆和挂糊

【知识目标】

1. 掌握上浆的用料及其作用。
2. 掌握挂糊的用料及其作用。

【能力目标】

1. 能区分挂糊与上浆的区别。
2. 能区分勾芡与上浆的区别。

【素养目标】

1. 具有终身学习意识，查阅上浆、挂糊相关资料。
2. 刻苦努力，勤学多问。

在中式烹调技艺中，上浆、挂糊、勾芡对菜肴的色、香、味、形、质、养诸方面均有很大的影响。上浆又称抓浆、吃浆，就是在经过刀工处理的主、配料中，加入适当的调料和佐助原料，使主、配料由表及里裹上一层薄薄的浆液，经过加热，使制成的菜肴达到滑嫩效果的施调方法。

挂糊又称着衣，就是根据菜肴的质量标准，在经过刀工处理的主、配料表面，适当地挂上一层黏性的糊，经过加热，使制成的菜肴达到酥脆、松软效果的施调方法。

勾芡就是根据烹调方法及菜肴成品的要求，在主、配料接近成熟时，将调好的粉汁淋入锅内，以增加汤汁对主、配料附着力的施调方法。

上浆、挂糊、勾芡的用料，由于性质不同，在烹调加工过程中发挥着不同的作用，了解这方面的知识，对于正确掌握上浆、挂糊、勾芡，具有十分重要的意义。

一、上浆用料及其作用

上浆用料是指用于上浆的佐助原料及调料，主要有精盐、淀粉（干淀粉、湿淀粉）、鸡蛋（全蛋液、蛋清、蛋黄）、水、小苏打、嫩肉粉、油脂等。

1. 精盐

精盐是主、配料上浆时的关键物质，加入适量精盐可使主、配料表面形成一层浓度较高的电解质溶液，将肌肉组织破损处（刀工处理所致）暴露的盐溶性蛋白质（主要是肌球蛋白）抽提出来，在主、配料周围形成一种黏性较大的蛋白质溶胶，同时可提高蛋白质的水化作用能力，以利于上浆。

上浆的质量与精盐的用量有关：用量过少，对盐溶性蛋白质的溶解能力不够，对蛋白质水化作用能力的提高不大，表现为“没劲”；用量过多，则会在完整的肌细胞周围产生较高的渗透压，致使主、配料大量脱水，同时还会降低蛋白质的持水性，使主、配料组织紧缩、质地老硬（易使菜肴成品质感变得老韧）。所以只有精盐用量适当，才能获得满意的上浆效果。

2. 淀粉

淀粉在水中受热后会发生糊化，形成一种均匀而较稳定的糊状溶液。上浆后主、配料及周围的水分不是很多，加热时淀粉糊化则可在烹饪原料周围形成一层糊化淀粉的凝胶层，防止或减少烹饪原料中的水分及营养成分流失。上浆后的主、配料一般采用中温油烹制。因为浆液中含水量很大，所以淀粉在浆液中一般不易发生美拉德反应和焦糖化反应。但淀粉却能较充分地糊化，使浆液具有较好的黏性，并紧紧地裹在主、配料表面上，进而达到上浆的要求。

3. 鸡蛋

鸡蛋用于上浆时，主要是蛋清在起作用。蛋清富含可溶性蛋白质，是一种蛋白质溶胶。受热时，蛋清易产生热变性并凝固，使其由溶胶变为凝胶，这有助于在上浆主、配料周围形成一层更完整、更牢固的保护层，阻止主、配料中的水分散失，并使其保持良好的嫩度。鸡蛋的另一个作用是改变上浆后主、配料的色泽，使其呈白色或黄色。

4. 水

水有助于在主、配料周围形成浆液，分散可溶性物质和不溶性淀粉，使它们均匀黏附于主、配料表层；能够增加主、配料的含水量，提高肉质嫩度；浸润到淀粉颗粒中，有助于其糊化。水也能调节浆液的浓度：浆液过浓，滑油时主、配料容易粘连，不易滑散，而且导致主、配料外熟里生，造成夹生现象；如果浆液过稀，又会使主、配料脱浆，达不到上浆的目的，既影响菜的质感，又影响菜的感观效果。

5. 小苏打、嫩肉粉（也称松肉粉）

小苏打溶解于水呈碱性，可改变上浆原料的 pH 值，使其偏离主、配料中蛋白质的等电点，提高蛋白质的吸水性和持水性，从而大大提高主、配料的嫩度。用小苏打上浆可使主、配料组织松软并滑嫩。但小苏打的用量不可过多，否则有碱味并能使蛋白质水解影响菜肴质感。

嫩肉粉是一种酶制剂，其含有的木瓜蛋白酶可催化肌肉蛋白质的水解，从而促进主、配料的软化和嫩度的提高。

6. 油脂

在浆液中主要利用油脂的润滑作用，使加工后的烹饪原料放入油勺（锅）滑油时不易造成粘连。同时，油脂也能起到一定的保水作用，以增加主、配料的嫩度。

二、挂糊用料及其作用

挂糊用料是指用于挂糊的佐助原料及调料，主要有淀粉（干淀粉、湿淀粉）、面粉、面包粉（芝麻、核桃粉、瓜子仁）、鸡蛋、膨松剂、水、油脂等。不同的挂糊用料具有不同的作用，制成糊加热后的成菜效果有明显的不同。

1. 淀粉、面粉、面包粉（渣）

以淀粉为主制成的糊易发生焦煳化，质感焦脆。淀粉与糊中的蛋白质等发生美拉德反应，自身发生焦糖化反应（这些反应都是在无水、高温下进行的），生成了各类低分子物质，使菜肴具有诱人的香气和色泽。

以面粉为主制成的糊，由于面筋的作用，质感比较松软，面粉中的蛋白质则可与糊化的淀粉相结合，利用自身的弹性和韧性提高糊的强度。若将淀粉与面粉调和使用，可相互补充，产生新的质感。

面包粉是面包干燥后搓成的碎渣，制作炸类菜肴时，主、配料挂上黏合剂再滚或撒上面包粉起到不黏结的作用。同时，经挂裹面包粉（渣）的主、配料，在受热时易上色、增香，面包粉中的蛋白与糖类起酰胺反应，可使炸制品表面酥松、质感良好。

2. 鸡蛋

蛋清受热后蛋白质凝固，能形成一层薄壳，阻止主、配料中的水分浸出，使其保持良好的嫩度；蛋黄或全蛋液含脂肪多，脂肪阻水，可使菜肴成品的质感达到酥脆的效果。

3. 膨松剂

膨松剂可分为化学膨松剂和生物膨松剂两大类，糊浆所用的膨松剂均为化学膨松剂。现在普遍使用的膨松剂是小苏打，如苏打糊、苏打浆等。

小苏打即碳酸氢钠（$NaHCO_3$），受热后能释放出二氧化碳，可使菜品胚料在加热时体积膨大、糊层疏松。若将小苏打用于挂糊则可使制品表面积增大，使炸制菜肴的成品产生酥脆、松软的质感。

4. 水

在不使用鸡蛋液的情况下，糊的浓度主要通过水来调剂。糊的稀稠对菜肴质量影响很大：糊过稠会导致糊的表面不均匀、不光滑；糊过稀又难于黏附在主、配料的表面，均达不到挂糊的目的。

5. 油脂

油脂可以使糊起酥。在调糊时，油脂可使蛋白质、淀粉等成分微粒被油网包围，形成以油膜为分界面的蛋白质或淀粉的分散体系。由于油脂的疏水性，加热后由于上述体系的存在，使糊的组织结构极其松散。于是挂糊后的主、配料经高油温炸制，具有酥脆香的品质特点。

三、勾芡用料及其作用

勾芡用料是指用于勾芡的佐助原料，主要有淀粉和水。在温水中淀粉先膨胀，然后淀粉粒内部各层起初分离，接着破裂，出现胶粘现象，最后成为具有黏性的半透明凝胶或胶体溶液，这就是糊化。由于淀粉的种类不同，其糊化的温度也不同。

淀粉在勾芡过程中的作用主要有以下两个方面：

1）淀粉在一定量的水中加热，吸收很多水分而膨胀形成糊化，使菜肴汤汁浓稠度增大，对菜肴具有改善质感、融合滋味、保持温度、突出菜肴风味和减少养分损失的作用。

2）淀粉糊化后形成的糊具有较大的透明度，它黏附在菜肴表面，显得晶莹光洁、滑润透亮，起到了美化菜肴的作用。此外，淀粉的糊化与加热温度有关，所以勾芡时温度要适当。

油脂有助于提高芡汁的亮度。当芡汁淋入勺中后，在加热状态下会吸水膨胀而糊化，形成一种溶胶，这种溶胶的光度较暗。如果在芡汁糊化的同时，向勺中的芡汁淋入适量明油，明油就会裹在芡汁中被一起糊化，这样芡汁的光亮程度会大大提高。但是如果芡汁的糊化过程已经结束，再淋入明油，由于明油在糊化体系以外，则芡汁的亮度得不到提高。

任务二 上浆技法

【知识目标】

1. 掌握上浆技法对成菜的作用。
2. 掌握上浆的注意事项。

【能力目标】

1. 能调制全蛋浆和蛋清浆。
2. 能调制水粉浆和苏打粉浆。

【素养目标】

1. 具有终身学习意识，查阅上浆技法的更多资料。
2. 刻苦努力，勤学多问。

一、上浆的作用

上浆主要是主、配料表面的浆液受热凝固后形成的保护层对主、配料起到保护作用。其作用主要体现在以下四个方面：

1. 保持主、配料的嫩度

主、配料上浆后持水性增强，加上主、配料表面受热形成的保护层热阻较大，通透性较差，可以有效地防止主、配料过分受热所引起的蛋白质深度变性，以及蛋白质深度变性所导致的主、配料持水性显著下降和所含水分的大量流失的现象，从而保持主、配料成菜后具有滑嫩或脆嫩的质感。

2. 美化原料的形态

加热过程中原料形态的美化，取决于两个方面：一是主、配料中水分的保持；二是主、配料中结缔组织不发生大幅度收缩。主、配料上浆所形成的保护层有利于保持水分和防止结缔组织过分收缩，使主、配料成菜后具有光润、亮洁、饱满、舒展的美丽形态。

3. 保持和增加菜肴的营养成分

上浆时主、配料表面形成的保护层，可以有效防止主、配料中热敏性营养成分遭受严重破坏和水溶性营养成分的大量流失，起到保持营养成分的作用。不仅如此，上浆用料是由营养丰富的淀粉、蛋白质组成的，可以改善主、配料的营养组成，进而增加菜肴的营养价值。

4. 保持菜肴的鲜美滋味

主、配料多为滋味鲜美的动物性烹饪原料，如果直接放入热油锅内，主、配料会因骤然受到高温而迅速失去很多水分，使其鲜味减少。经上浆处理后，主、配料不再直接接触高温，热油也不易浸入主、配料的内部，主、配料内部的水分和鲜味不易外溢，从而保持了菜肴的鲜美滋味。

二、浆的种类及调制

上浆用料的种类较多，依上浆用料组配形式的不同，可把浆分成以下四种：

1. 蛋清粉浆

用料构成：蛋清、淀粉、精盐、料酒、味精等。

调制方法：一种方法是先将主、配料用调料（精盐、料酒、味精）拌腌入味，然后加入蛋清、淀粉拌匀即可；另一种方法是用蛋清加湿淀粉调成浆，再把用调料腌渍后的主、配料放入蛋清粉浆中拌匀即可。上述两种方法都可在上浆后加入适量的冷油，以便于主、配料滑散。

用料比例：主、配料 500 克，蛋清 100 克，淀粉 50 克。

适用范围：多用于爆、炒类菜肴，如清炒虾仁、滑炒鱼片、芫爆里脊丝等。

制品特点：柔滑软嫩，色泽洁白。

2. 全蛋粉浆

用料构成：全蛋液、淀粉、精盐、料酒、味精等。

调制方法：制作方法基本上与蛋清粉浆相同。调制浆液时应注意两点：一是全蛋粉浆需要更加充分地调和，以保证各种用料溶解为一体；二是用全蛋粉浆浆制质地较老韧的主、配料时，宜加适量的泡打粉或小苏打，使主、配料经油滑后松软滑嫩。

用料比例：与蛋清粉浆基本相同。

适用范围：多用于炒、爆等烹调方法制作的菜肴及烹调后带色的菜肴，如辣子肉丁、酱爆鸡丁等。

制品特点：滑嫩，微带黄色。

3. 苏打粉浆

用料构成： 蛋清、淀粉、小苏打、水、精盐等。

调制方法： 先把主、配料用小苏打、精盐、水等腌制片刻，然后加入蛋清、淀粉拌匀，浆好后静置一段时间即可。

用料比例： 主、配料500克，蛋清50克，淀粉50克，小苏打3克，精盐2克，水适量。

适用范围： 适用于质地较老、肌纤维含量较多、韧性较强的主、配料，如牛肉、羊肉等。多用于炒、爆、铁板等烹调方法制作的菜肴，如蚝油牛肉、铁板牛肉等。

制品特点： 鲜嫩滑润。

4. 水粉浆

用料构成： 淀粉、水、精盐、料酒、味精等。

调制方法： 将主、配料用调料（精盐、料酒、味精）腌制入味，再用水与淀粉调匀上浆。浆的浓度以裹住烹饪原料为宜。

用料比例： 主、配料500克，干淀粉50克，加入适量冷水（应视主、配料含水量而定）。

适用范围： 适用于肉片、鸡丁（也可用蛋清、全蛋液等）、腰子、猪肚等烹饪原料的浆制，多用于炒、爆、氽等烹调方法制作的菜肴，如爆腰花、炒肉片等。

制品特点： 质感滑嫩。

三、上浆的注意事项

在对原料上浆时，应注意以下几点：

1）注意上浆时间。通过上浆为原料补充水分是利用渗透原理进行的，其过程一般很缓慢。因此，在烹制菜肴时，通常会提前一定时间（通常为15分钟，苏打粉浆需提前两小时）为原料上浆。

2）注意淀粉的用量。在上浆时，若淀粉的用量过少，则很难在原料周围形成完整的浆膜，导致加热时无法有效防止水分和营养物质的排出；若淀粉的用量过多，则容易引起原料的粘连。上浆时淀粉的用量应以在浆的表面看不到肉纹为佳。

3）注意上浆动作。通常需要上浆的原料都比较细小质嫩，因此上浆时的动作一定要轻，防止抓碎原料。刚开始上浆时动作要慢，当浆已均匀分布于原料各部分时，动作可稍快一些，利用摩擦促进浆的渗透，但下手不要过重。

4）注意调料的用量。在为原料上浆时，通常会添加盐和味精等调料，此时一定要控制好调料的用量，为烹制菜肴时的正式调料留有余地。

实训4-1 牛肉片（柳）上浆

在滑溜菜肴中，牛肉食材在正式烹调前应进行上浆处理，上浆对滑溜菜肴的质量影响很大。

1. 工作准备

牛肉、小苏打、淀粉、鸡蛋、盐、料酒、食用油、葱姜水、不锈钢盆、小碗、一次性手套。

2. 实训流程

腌制上劲→入蛋清搅打→入苏打浆搅拌→入食用油乳化→冷藏备用。

3. 操作步骤

1）将牛肉切片，戴好一次性手套，将牛肉片放入不锈钢盆中，然后加入适量葱姜水、盐和料酒（注意用量不可过多，图 4–1），用手顺一个方向（中途不能改变方向，以防原料破碎）搅拌，同时轻轻抓捏。

2）牛肉上劲后，将蛋清加入不锈钢盆中。

3）用手在不锈钢盆中顺一个方向慢慢搅拌，同时轻轻抓捏，使蛋清均匀地包裹在牛肉片表面（图 4–2）。

图 4–1　在牛肉片中加入盐

图 4–2　加入蛋清后搅拌

4）在不锈钢盆中加入适量的淀粉、小苏打和葱姜水，然后用手顺一个方向慢慢搅拌（图 4–3）。当苏打粉浆和牛肉片初步搅拌后，接下来的搅拌和抓捏动作可稍快。

图 4–3　加入淀粉、小苏打和葱姜水后顺一个方向慢慢搅拌

5）当苏打粉浆均匀分布在牛肉片表面后，加入几滴食用油并搅拌均匀（可在加热时防止牛肉粘连，图 4–4），最后将上好浆的牛肉片放入冷藏柜备用（图 4–5）。

图 4-4 加入食用油后搅拌均匀

图 4-5 成品

4. 交流与反思

1）牛肉片（柳）适合哪些上浆方法？

2）牛肉片（柳）上浆操作应掌握哪些技术要领？

5. 实训考核（表 4-1）

表 4-1 牛肉片（柳）上浆实训考核

项目	上浆顺序正确	符合要求	无脱浆现象	节约与卫生	合计
标准分	30	30	30	10	100
扣分					
实际得分					

任务三 挂糊技法

【知识目标】

1. 掌握挂糊技法对成菜的作用。
2. 掌握挂糊的操作要领。

【能力目标】

1. 能调制全蛋糊、蛋清糊和蛋泡糊。
2. 能调制水粉糊和发粉浆。

【素养目标】

1. 具有终身学习意识，查阅挂糊技法的更多资料。
2. 刻苦努力，勤学多问。

一、挂糊的作用

挂糊后的主、配料多用于煎、炸等烹调方法，所挂的糊液对菜肴的色、香、味、形、质、养各方面都有很大影响，其作用主要有以下几个方面：

1）可保持主、配料中的水分和鲜味，并使菜肴获得外焦酥、里鲜嫩的质感。主、配料挂糊后多采用高温干热处理，糊层大量脱水，不仅外部香脆，而且主、配料内部所含的水分及鲜味也得到了保持。

（2）可保持主、配料的形态完整。挂糊可保持主、配料的形态完整，并使之表面光润、形态饱满（尤其是易碎原料）。

3）可保持和增加菜肴的营养成分。挂糊后的主、配料不直接接触高温油脂，能防止或减少所含各种营养成分的流失。不仅如此，糊液本身就是由营养丰富的淀粉、蛋白质等组成的，因此能够增加菜肴的营养价值。

4）使菜肴呈现悦目的色泽。在高温油锅中，主、配料表面的糊液所含的糖类、蛋白质等可以发生羰氨反应（美拉德反应）和焦糖反应，形成悦目的淡黄、金黄、褐红色等。

5）使菜肴产生诱人的香气。主、配料挂糊后再烹制，不但能保持主、配料本身的热香气味不致逸散，而且糊液在高温下发生理化反应，可形成良好气味。

二、糊的类型

糊通常由淀粉、面粉、米粉、鸡蛋、水等原料制成，常见类型有以下几种：

1. 水粉糊

水粉糊是指将淀粉与清水（比例约为 2∶1）拌匀，或者将淀粉盆中已沉淀的湿淀粉挖出做糊。其多用于制作糖醋炸黄鱼、干炸里脊等炸、熘、烹类菜肴，成品色泽金黄。

2. 蛋清糊

蛋清糊是指将蛋清与淀粉或面粉（比例约为 1∶1）加水拌匀做糊。其多用于软炸排骨、软炸银鱼等软炸类菜肴，成品呈淡黄色。

3. 蛋泡糊

蛋泡糊是指将蛋清搅打至起泡，使筷子可以在蛋清中直立不倒，然后加入少量淀粉、面粉或米粉（比例约为 2∶1）拌匀做糊。其多用于制作高丽鱼条、雪衣香蕉等松炸类菜肴，成品呈淡黄色。

4. 全蛋糊

全蛋糊是指将蛋液与面粉、淀粉加水拌匀做糊（面粉与淀粉的比例约为 7∶3，蛋液与粉的比例约为 1∶1）。其多用于制作瓦块角、熘肉段等炸、熘类菜肴，成品色泽金黄。

5. 发粉糊

发粉糊是指在面粉和淀粉中加入发酵粉并拌匀（面粉与淀粉的比例约为 7∶3，面粉与发酵粉的比例约为 23∶1），然后加入清水和少量色拉油拌匀。其多用于制作香蕉锅炸、拔丝苹果等脆炸类菜肴，成品色泽金黄、丰润饱满。

6. 拍粉拖蛋糊

将鸡蛋打散与淀粉或面粉（比例约为 3∶1）拌匀制成蛋糊，然后将用盐、味精和料酒腌制过的原料表面拍上干面粉或淀粉，将其在蛋糊中拖过即可。这种糊可以解决因原料含水或油过多而不易挂糊的问题，多用于制作软炸栗子、锅贴鱼片等酥炸、煎类菜肴，成品色泽金黄。

7. 香炸糊

香炸糊是指原料拍粉拖蛋糊后，再拍上一层面包屑或香料（如芝麻、杏仁、松仁、瓜子仁、花生仁、核桃仁等）。其多用于制作炸猪排、芝麻鸡排等脆炸类菜肴，成品特别香脆。

三、挂糊的操作要领

1. 要灵活掌握各种糊的浓度

在制糊时，要根据烹饪原料的质地、烹调的要求及主、配料是否经过冷冻处理等因素决定糊的浓度。较嫩的主、配料所含水分较多，吸水力强，则糊的浓度以稀一些为宜。如果主、配料在挂糊后立即进行烹调，糊的浓度应稠一些，因为糊液过稀，主、配料不易吸收糊液中的水分，容易造成脱糊。如果主、配料挂糊后不立即烹调，糊的浓度应当稀一些，待用期间，主、配料吸去糊中一部分水分，蒸发掉一部分水分，浓度就恰到好处。冷冻的主、配料含水分较多，糊的浓度可稠一些；未经过冷冻的主、配料含水量少，糊的浓度可稀一些。

2. 恰当掌握各种糊的调制方法

在制糊时，必须遵循先慢后快、先轻后重的原则。开始搅拌时，淀粉及调料还没有完全融合，水和淀粉（或面粉）尚未调和，浓度不够、黏性不足，所以应该搅拌得慢一些、轻一些，一方面防止糊液溢出容器，另一方面避免糊液中夹有粉粒。如果糊液中有小粉粒，主、配料过油时粉粒就会爆裂脱落，造成脱糊现象。经过一段时间的搅拌后，糊液的浓度渐渐增大，黏性逐渐增强，搅拌时可适当增大搅拌力量和加快搅拌速度，使其越搅越浓、越搅越黏，使糊内各种用料融为一体，便于与主、配料相黏合。但切忌使糊上劲。

3. 挂糊时要把主、配料全部包裹起来

主、配料在挂糊时，要用糊把主、配料的表面全部包裹起来，不能留有空白点。否则在烹调时，油就会从没有糊的地方浸入主、配料，使这一部分质地变老、形状萎缩、色泽焦黄，影响菜肴的质量。

4. 根据主、配料的质地和菜肴的要求选用适当的糊液

要根据主、配料的质地、形态、烹调方法和菜肴要求恰当地选用糊液。有些主、配料含水量大，油脂成分多，就必须先拍粉后再拖蛋糊，这样烹调时就不易脱糊。对于讲究造型和刀工的菜肴，必须选用拍粉糊，否则，就会使造型和刀纹达不到工艺要求。此外，还要根据菜肴的要求选用糊液：成品颜色为白色时，必须选用蛋清作为糊液的辅助原料，如蛋泡糊等；需要外脆里嫩或成品颜色为金黄色、棕红色、浅黄色时，可使用全蛋液、蛋黄液作为糊液的辅助原料，如全蛋糊、拍粉拖蛋滚等。

四、挂糊的注意事项

在对原料挂糊时，应注意以下几点：

1）注意挤干原料的水分。在挂糊时，首先要将原料中的水分挤干，特别是经过冷冻的原料，否则在挂糊时原料容易渗出水分，导致脱糊。

2）挂糊的厚度。挂糊的厚度要与原料的大小成正比，体积较大的原料应挂厚一点的糊，

体积较小的原料应挂薄一点的糊。

3）注意糊的稀稠。糊的稀稠对菜肴的成品质量影响很大，调好糊后可在糊中插入一根筷子，将筷子提起后若筷子表面有一层较薄的糊料，且不会很快滴落，则说明糊的稀稠较为合适。此外，在为较嫩且含水量较高的原料挂糊时，糊应稠一些；在为较老且干的原料挂糊时，糊应稀一些。若挂糊后马上过油，糊应稠一些;若挂糊后要过一段时间才过油，则糊应稀一些。

4）注意淀粉的干湿。若使用湿淀粉为原料挂糊，挂糊后可马上过油；若使用干淀粉现制糊现挂糊，则挂糊后应放置一段时间再过油，防止产生气泡，造成热油飞溅伤人。

5）注意原料的底味。在对原料挂糊前，通常都会对原料进行腌制，以增加原料的底味，此时应注意调料的用量，特别是过油后要另行调味的菜肴更不可多放，否则会使原料的底味过足，造成菜肴成菜后味道过重。

实训4-2 蛋泡糊的制作

蛋泡糊是由蛋白加工而成的，既可作菜肴主料的挂糊，又可单独作为主料制作风味菜肴。其特点是色泽雪白、形态饱满、质地松软。

1. 工作准备

筷子、新鲜鸡蛋 5 个、淀粉、不锈钢盆。

2. 实训流程

盆和筷子洗净（无油、无水）→打入蛋清，搅打→边搅打边加入淀粉→打好备用。

3. 操作步骤

1）用洗洁精洗好盆、筷子，确保无油，用纸巾擦除水分。

2）将蛋清打入盆中，用四根筷子沿着一个方向搅打。

3）边搅打边放入少量的淀粉，直到糊能把筷子树立。

4. 交流与反思

1）蛋泡糊的特点是什么？适合哪些原料挂糊？

2）简述制作蛋泡糊的操作要领。

5. 实训考核（表 4-2）

表 4-2 蛋泡糊制作实训考核

项目	用具是否干净	手法是否正确	最终糊能否使用	合计
标准分	30	30	40	100
扣分				
实际得分				

任务四 勾芡技法

【知识目标】

1. 掌握勾芡技法对成菜的作用。
2. 掌握勾芡的种类及其应用方法。

【能力目标】

1. 会运用翻拌法进行勾芡。
2. 会运用淋芡法和泼浇法进行勾芡。

【素养目标】

1. 具有终身学习意识，查阅勾芡技法的更多资料。
2. 刻苦努力，勤学多问。

一、勾芡的作用

勾芡的粉汁主要是用淀粉和水调成的，淀粉在高温的汤汁中能吸收水分而膨胀，产生黏性，并且色泽光洁、透明、滑润。因此，勾芡对菜肴可以起到以下作用：

1. 改善菜肴口感

勾芡能使菜肴的汤汁黏度增大，从而形成一种全新的口感。不同菜肴汤汁的多少相差较大，有的很少，甚至没有，有的却有很多。如果菜肴不经勾芡，则汤汁少者易感粗滞，无汤汁者易感干硬，汤汁多者易感寡薄。勾芡之后口感则发生变化：一般无汤汁者因芡汁包裹主、配料，口感变得嫩滑；汤汁少者因芡汁较稠且与主、配料交融，口感变得滋润；汤汁多者因芡汁较黏稠，易使口味变得浓厚。

2. 融合菜肴滋味

勾芡可将菜肴中汤汁和主、配料的滋味很好地融为一体，达到保鲜增味的目的。尤其是汤汁较多的菜肴，滋味鲜美的主、配料往往会因呈鲜味物质离析于汤汁之中而变得鲜味较少，勾芡后，汤汁黏附于主、配料表面，可使主、配料和汤汁均具有鲜美滋味。对于本来淡而无味而又难以入味的一些主、配料，利用勾芡或者使溶有呈味物质的汤汁黏附于主、配料之上，可使其有良好的滋味。

3. 增加菜肴色泽

芡液中的淀粉在加热到60℃左右时，便会糊化变黏，形成特有的透明性和光泽度。由于光的反射作用，能把菜肴的颜色和调料的颜色更加鲜明地反映出来，使菜肴比勾芡前色泽更鲜艳，光泽更明亮，显得丰满而不干瘪，光润而不粗糙，有利于菜肴的形态美观。

4. 保持菜肴温度

菜肴温度的高低，直接影响人的味觉。最能刺激味觉的温度在10℃～40℃，以30℃左右为最佳。若热菜冷食，味道就会大为逊色。芡粉经糊化作用，形成一种溶胶，这种溶胶像一层保护膜紧紧地包裹住物料，降低了菜肴内部热量散发的速度，能较长时间地保持菜肴的温度；特别是有些菜肴需要趁热吃，勾芡在起到保温作用的同时，也起到了保质作用。

5. 突出菜肴风格

汤、羹一类的菜肴，汤水用量大，汤菜易分离，勾芡后，汤汁的黏稠度增大，可使主、配料不沉底，或悬浮于汤汁之中，或漂浮于汤汁表面，既增加美观，又突出主、配料，从而构成一种独特的菜肴风格。对一些要求外脆里嫩的菜肴，通常先将汤汁在锅中勾芡，再放入过了油的主、配料，或浇在已炸脆的主、配料上；由于卤汁浓度增加，黏性加强，在较短的时间内，裹在主、配料上的卤汁不易渗透到主、配料内部，从而形成了外香脆、内鲜嫩的风格特色。

6. 减少养分损失

在烹制过程中，主、配料中的部分营养物质受热分解，由大分子物质变为小分子物质，如多糖类和双糖类物质转化为单糖类物质，生成葡萄糖或果糖。大分子物质的分解和小分子物质的生成，虽然有利于人体的吸收，但是小分子的物质在水中溶解度大。另外，水溶性的B族维生素、维生素C和脂溶性维生素A、维生素D等易大量从原料中析出，溶于菜肴汤汁中。经过勾芡之后，菜肴的汤汁变稠，那些溶于汤汁中的各种营养物质，会随着糊化的淀粉一起黏附在主、配料的表面，使汤汁中的营养成分得到充分的利用，从而减少了损失。

二、勾芡的分类及应用

（一）按芡汁调制方法分类

按芡汁调制方法可分为兑汁芡和水粉芡。

1. 兑汁芡

兑汁芡（图 4–6）是在烹调前用淀粉、鲜汤（或清水）及相关调料勾兑在一起的芡汁，待主、配料接近成熟时将其调匀倒入锅中。兑汁芡使得烹制过程中的调味和勾芡可同时进行，常用于旺火速成的爆、炒、熘类菜肴的制作。它不仅满足了快速操作的要求，同时也可事先尝准滋味，便于把握菜肴味型。

2. 水粉芡

水粉芡（图 4–7）即用干淀粉和水调匀的芡汁。它与兑汁芡的区别就是不加任何调料，兑制比较简单，关键是要搅拌均匀，不能使粉汁带有小的颗粒和杂质。水粉芡多用于烧、扒、焖等烹调方法。因为这些烹调方法加热时间较长，可在加热过程中逐一投入调料，并在主、配料接近成熟时，淋入水粉芡。

图 4–6 兑汁芡

图 4–7 水粉芡

（二）按芡汁的色泽分类

按芡汁的色泽可分为红芡和白芡。红芡就是在芡汁中加一些有色的调料，如酱油、番茄酱等；白芡就是芡汁中不加入有色调料，而以精盐、味精等为主。

（三）按芡汁的浓度分类

按芡汁的浓度可分为厚芡和薄芡。

1. 厚芡

厚芡是芡汁中较稠的芡，就是经勾芡后，成品中的汤汁浓稠或汤汁较紧。按浓度的不同，厚芡又可分为包芡和糊芡。

1）包芡（图 4–8），又称油爆芡、抱芡，稠度最大，主要适用于油爆类菜肴，如油爆双脆、宫保鸡丁等。兑制比例：淀粉与水（或汤汁）为 1∶5。成品厚汁黏稠，能够互相粘连，盛入盘中堆成形体而不滑散，食后盘内见油不见芡汁。

2）糊芡（图 4–9），浓度比包芡略稀，主要用于爆、熘、烩类菜肴，如糖醋鱼、焦熘肉片等。兑制比例：淀粉与水（或汤汁）为 1∶7。用于熘菜，则成品盛入盘中有少量的卤汁滑入盘中；用于烩菜，则使汤菜融合、口味浓厚。

图 4-8 包芡

图 4-9 糊芡

2. 薄芡

薄芡是芡汁中较稀的一种，按其浓度又可分为玻璃芡和米汤芡。

1）玻璃芡（图 4-10），芡汁数量较多，浓度较稀薄，能够流动，适用于扒、烧、熘类菜肴，如白扒鱼肚等。兑制比例（质量）：淀粉与水（或汤汁）为 1∶10。成品菜肴盛入盘中，要求一部分芡汁粘在菜肴上，一部分流到菜肴的边缘。

2）米汤芡（图 4-11），是芡汁中最稀的一种，浓度最低，似米汤的稀稠度，主要作用是使多汤的菜肴及汤水变得稍稠一些，以便突出主、配料，口味较浓厚，如酸辣汤等。兑制比例：淀粉与水（或汤汁）为 1∶20。

图 4-10 玻璃芡

图 4-11 米汤芡

 三、勾芡的方法

（一）翻拌法

1. 作用

使芡汁全部包裹在主、配料上。

2. 适用范围

适用于爆、炒等烹调方法，多用于需旺火速成、要勾厚芡的菜肴。

3. 方法

1）在主、配料接近成熟时放入芡汁，然后连续翻勺或拌炒，使芡汁均匀地裹在菜肴上。

2）将调料、汤汁、芡汁加热，至芡汁成熟变稠时，将已过油的主、配料投入再连续翻锅或拌炒，使芡汁均匀地裹在主、配料上。

3）先将调料、汤汁、芡汁兑成调味芡汁，待过油成熟的主、配料沥油。回勺（锅）后，随即把调味芡汁泼入，立即翻拌，使芡汁成熟且均匀地裹在主、配料上。

（二）淋推法

1. 作用

使汤汁稠浓，促进汤菜融合。

2. 适用范围

多用于煮、烧等烹调方法制作的菜肴。

3. 方法

1）在主、配料接近成熟时，一手持炒勺缓缓晃动，一手持手勺将芡汁均匀淋入，边淋边晃，直至汤菜融合为止。常用于整个、整形或易碎的菜肴。

2）在主、配料快要成熟时，不晃动锅，而是一边淋入芡汁，一边用手勺轻轻推动，使汤菜融合。多用于数量多，主、配料不易破碎的菜肴。

（三）泼浇法

1. 作用

使菜肴汤汁稠浓，增加菜肴的口味和色泽。

2. 适用范围

多用于熘或扒等烹调方法制作的菜肴，那些体积大、不易在锅中颠翻、要求造型美观的菜肴较适用于这种方法。

3. 方法

将成熟的芡汁均匀地泼浇在主、配料上即可。

四、勾芡的操作要领

1. 准确把握勾芡时机

勾芡必须在主、配料即将成熟时进行，过早或过迟都会影响菜肴质量。如果主、配料未成熟就勾芡，芡汁在锅内停留时间必然延长，这样容易造成芡汁粘锅焦煳现象；如果主、配料过熟时勾芡，因芡汁要有一个受热成熟的过程，所以要延长加热时间，致使主、配料过火而达不到菜肴质感的要求。此外，勾芡必须在汤汁沸腾后进行，否则淀粉不易糊化，芡汁不黏不稠，起不到勾芡的作用。

2. 严格控制汤汁数量

勾芡必须在菜肴汤汁适量时进行。任何需要勾芡的菜肴，对汤汁多少都有一定的要求，如爆、炒类菜肴要求汤汁很少，烧、扒类菜肴要求汤汁必须适量等，汤汁过多或过少时勾芡都难以达到菜肴的质量要求。所以发现锅中汤汁太多时，应用旺火加热收汁或舀出一些汤汁；汤汁过少时，则需添加一些。但添加汤汁时，要从锅边淋入，不能直接浇在主、配料上，否则会造成色彩不匀、浓淡失调等现象。

3. 勾芡须先调准色、味

勾芡的粉汁分为水粉芡和兑汁芡两种。使用水粉芡，必须待锅中主、配料的颜色、口味确定后再进行勾芡。使用兑汁芡，应在盛具中调准颜色、口味才能倒入锅中勾芡。如果勾芡后再调色、味，芡汁变黏变稠，一方面调料很难均匀分散，另一方面调料不易浸入主、配料内，难以被菜肴吸收，进而影响了菜肴成品质量。

4. 注意芡汁浓度适当

勾芡必须根据菜肴的芡汁要求、汤汁多少和淀粉的吸水性能，决定芡汁的浓度大小和投量多少，使菜肴的芡汁恰如其分。如果芡汁太稠，容易出现粉疙瘩，而且菜肴不清爽；芡汁太稀，则会使菜肴的汁液增多，影响菜肴的成熟速度和质量。

5. 恰当掌握菜肴油量

菜肴中如果油量过多，淀粉不易吸水膨胀，产生黏性，汤菜不易融合，芡汁无法包裹在主、配料的表面。所以，勾芡时必须在菜肴油量恰当的情况下进行。如果在勾芡前发现油量过多时，应用手勺先将油撇去一些。如果有些菜肴需要油汁时，可在勾芡后加入明油。

6. 灵活运用勾芡技术

勾芡虽然是改善菜肴口味、色泽、形态的重要手段，但并非每个菜肴都必须勾芡，而应根据菜肴的特点和要求灵活运用。有些菜肴根本不需要勾芡，如果勾了芡，反而降低了菜肴的质量。例如，要求口感清爽的菜肴（如清炒豌豆苗、蒜蓉荷兰豆等），勾了芡便失去清新爽口的特点；主、配料质地脆嫩、调味汁液易渗透入内的菜肴（如干烧、干煸类菜肴），勾了芡反而影响这些菜肴的质感；主、配料胶质多、汤汁已自然稠浓的菜肴也不需勾芡，如红烧蹄髈等；菜肴中已加入黏性调料的（如黄酱、甜面酱等），也不需要勾芡，如回锅肉、酱爆鸡丁等；各种凉菜要求清爽脆嫩、干香不腻，如果勾了芡反而会影响菜肴的质量。

五、影响勾芡的因素

勾芡本质是淀粉的糊化，利用糊化淀粉的黏度和透明性来达到改善菜肴质量的目的。因此，影响糊化淀粉性质的种种因素必然会影响到勾芡操作。了解影响勾芡的因素有哪些，它们是如何影响菜肴的，对于掌握勾芡的要领是很有帮助的。影响勾芡的因素主要有以下几种：

1. 淀粉种类

不同品质的淀粉在糊化温度、膨润性及糊化后的黏度、透明性等方面均有一定的差异。成品淀粉一般按植物生长在地上或地下分为地上淀粉（图 4–12）和地下淀粉（图 4–13）。从糊化淀粉的黏度来看，一般地下淀粉（如土豆淀粉、红薯淀粉、藕粉、荸荠粉等）比地上淀粉（如玉米淀粉、高粱淀粉等）高。持续加热时，地下淀粉糊化后的黏度下降的幅度比地上淀粉大。从糊化淀粉的透明性来看，地下淀粉比地上淀粉要高得多。透明性与糊化前淀粉粒的大小有关，粒子越小或含小粒越多的淀粉，其糊化后的透明性越好。因此，勾芡操作必须事先对淀粉的种类、性能做到心中有数，这样才能万无一失。

图 4–12 地上淀粉（玉米淀粉）

（a）土豆淀粉

（b）红薯淀粉

（c）藕粉

图 4–13 地下淀粉

2. 加热时间

每一种淀粉都相应有一定的糊化温度。达到糊化温度以上，加热一定的时间，淀粉才能完全糊化。一般加热温度越高，糊化速度越快。所以，在菜肴汤汁沸腾后勾芡较好，这样能够在较短的时间内使淀粉完全糊化，完成勾芡操作。在糊化过程中，菜肴汤汁的黏度逐渐增大，完全糊化时黏度最大。之后随着加热时间的延长，黏度会有所下降。不同品质的淀粉，下降的幅度有所不同。

3. 淀粉浓度

淀粉浓度是决定勾芡后菜肴芡汁稠稀的重要因素。浓度大，芡汁中淀粉分子之间的相互作用就强，芡汁黏度就较大；浓度小，芡汁黏度就小。实践中人们就是用改变淀粉浓度来调整芡汁稀稠的。包芡、玻璃芡、米汤芡等芡汁的区别，也有淀粉浓度的作用。

淀粉浓度还是影响菜肴芡汁透明性的因素之一。对于同一种淀粉而言，浓度越大，透明性越差；浓度越小，透明性越好。

4. 有关调料

勾芡时往往淀粉与调料融合在一起，很多调料对芡汁的黏性有一定影响，如精盐、食糖、食醋、味精等。不同品质的淀粉受影响的情况有所不同，如精盐可使土豆淀粉糊的黏度减小，但使小麦淀粉糊的黏度增大；食糖可使这两种淀粉的糊化液黏度增大，但影响情况有一定区别，食糖比例超过5%，小麦淀粉糊黏度急增；食醋可使这两种淀粉的糊化液黏度减小，不过对土豆淀粉的影响更甚；味精可使土豆淀粉糊的黏度减小，但对小麦淀粉糊几乎没有影响。一般而言，随着调料用量的增大，影响的程度也随之加剧。因此，在勾芡时应根据调料种类和用量来适当调整淀粉浓度，以满足一定菜肴的芡汁要求。

 实训4-3 宫保鸡丁制作

宫保鸡丁是一道闻名中外的特色传统名菜，在全国各地都有记录，是典型的兑汁芡菜肴。

1. 工作准备

鸡脯肉或鸡腿肉250克，新鲜鸡蛋1个，葱段、玉米淀粉、不锈钢盆、油炸花生米、炸干辣椒适量，糖、盐、香醋、酱油、料酒、鸡精适量，姜、蒜适量。

2. 实训流程

鸡脯肉切丁，腌制上浆→花生米、炸干辣椒准备→兑芡汁准备→菜肴制作。

3. 操作步骤

1）鸡肉切丁，用盐、料酒、蛋清腌制备用（图4-14）。

图4-14 鸡肉切丁腌制备用

2）油炸花生米、油炸干辣椒备用；姜、蒜切丁，香葱切段备用（图 4–15）。

图 4–15　准备配料

3）用玉米淀粉适量、盐 1 小勺、糖 4 勺、香醋 3 勺、酱油 2 勺、鸡精 1 小勺调兑芡汁（图 4–16）。

4）锅烧热，倒入油，待油温七成热时，放入腌制好的鸡丁，翻炒至鸡肉变白盛出（图 4–17）。

图 4–16　调兑芡汁

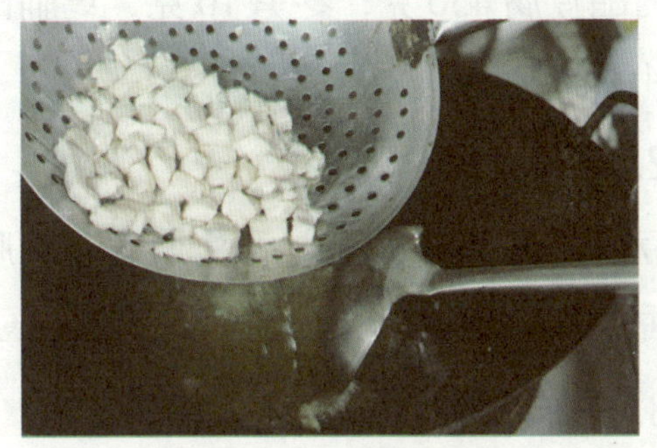

图 4–17　炒制鸡肉

5）锅中剩少许油，放入花椒、干辣椒段，用中小火炒香后，锅中放入姜、蒜丁炒香，接着把鸡肉倒回锅中，用大火炒半分钟（图 4–18）。

6）放入葱段，翻炒均匀，加入芡汁，翻炒均匀至颜色变油亮时，加入香油，最后放入花生米即可（图 4–19）。

图 4–18　加入配料后继续炒制

图 4–19　成品

4. 交流与反思

1）兑汁芡的特点有哪些？适合哪些菜肴？

2）简述制作宫保鸡丁的操作要领。

5. 实训考核（表 4–3）

表 4–3 宫保鸡丁实训考核

项目	原料上浆规范	葱段、姜丁、蒜丁规范	勾芡合理	菜肴成品口味合适，色泽油亮	合计
标准分	20	20	30	30	100
扣分					
实际得分					

实训4–4 文思豆腐制作

文思豆腐起源于江苏淮安、扬州，是江苏省的一道传统特色名菜。文思豆腐主要考验制作者的刀工和勾芡水平。

1. 工作准备

内酯豆腐 450 克，冬笋 10 克，鸡脯肉 50 克，火腿 25 克，鲜香菇 25 克，土豆淀粉 15 克，精盐 4 克，味精 3 克。

2. 实训流程

豆腐、冬笋、火腿、香菇切丝→鸡脯肉煮熟后切丝→冬笋丝、香菇丝焯水→鸡汤煮开，投入香菇丝、冬笋丝、火腿丝、鸡丝、豆腐丝、精盐烧沸→勾芡。

3. 操作步骤

1）把豆腐、冬笋、火腿、香菇切成细丝（图 4–20）。

（a）香菇丝

（b）冬笋丝

（c）火腿丝

（d）豆腐丝

图 4–20 把香菇、冬笋、火腿、豆腐切成细丝

2）把鸡脯肉煮熟，切成细丝（图 4–21）。

图 4–21　鸡脯肉煮熟切丝

3）在干净的锅中加入鸡汤，放入香菇丝、冬笋丝、火腿丝、鸡丝、豆腐丝烧沸（图 4–22）。

图 4–22　锅内加鸡汤，煮沸后加入主、配料

4）加水粉芡，烧沸即可（图 4–23）。

图 4–23　成品

4. 交流与反思

1）简述文思豆腐的成菜特点。

2）简述制作文思豆腐的操作要领。

5. 实训考核（表 4–4）

表 4–4 文思豆腐实训考核

项目	豆腐丝均匀	鸡肉丝、火腿丝均匀不断	冬笋丝、香菇丝均匀	各种原料丝均匀在汤中	合计
标准分	30	20	20	30	100
扣分					
实际得分					

项目五　烹饪勺工

任务一 旋锅

【知识目标】

1. 掌握旋锅技法的基本要求。
2. 掌握旋锅技法的动作要领。

【能力目标】

1. 能正确规范地端握单把炒锅。
2. 能正确规范地端握双耳炒锅。

【素养目标】

1. 具有终身学习意识。
2. 刻苦努力，勤学多问。

旋锅又称晃勺、旋勺，是指将铁锅、大勺等厨具旋转或晃动，使原料在勺内顺一个方向旋转的方法。其目的在于使菜肴在勺内受热均匀、形状完整。

旋锅利用摩擦力大小变化和力对物体作用而运动的力学原理，使原料在勺内旋转，从而使原料受热均匀并保持菜肴形状完整。厨师通过左手给炒锅施加一个顺时针或逆时针方向的作用力，使炒锅产生一个相对运动的趋势，在炒锅与原料之间产生一个正向或反向的摩擦力，通过摩擦力带动炒锅内的原料做顺时针或逆时针转动。

一、旋锅的基本要求

1）要将锅端稳，虽然有外力作用，但炒锅不能歪斜。

2）施加给炒锅的外力要控制均匀，不能突然施加外力或作用过猛，以防原料撒出来。

3）原料要匀速转动。

二、旋锅的规范动作

（一）正确的站立姿势

正确的站立姿势对于训练规范的旋锅非常重要，站立姿势正确、规范可降低疲劳程度，也使动作自然协调。

正确的站姿是：身体自然站直，两脚自然分开，与肩保持同宽，眼睛平视。在训练之初，往往以“四点一线”作为训练目标，即选择一面墙壁作为参照面，使脚后跟、臀、背和头部成一条直线，坚持一段时间以后，这方面意识增强了，可以变通一下再行训练。虽然要求以“四点一线”为目标，但是在具体的训练当中，动作不要过分呆板，应该尽量贴近训练目标，并且尽可能地保持规范、自然、轻松，这样有利于动作的舒展和完成。

（二）端锅的基本姿势与要求

1. 端锅的基本姿势

正确的端锅姿势是：两脚分开，自然站立，与肩保持同宽；两腿自然站直，左手端握锅把，屈肘 90°，将锅放于正前方，两眼平视。

2. 端锅的基本要求

要求身体正直，不偏不歪，自然屈肘 90°，将锅端在自己的正前方；锅要端得平稳，而且要有一定的耐力，能坚持一段时间动作不变形。

（三）端握炒锅的姿势

1. 端握单把炒锅的姿势

面对炉灶，上身自然挺直，双脚分开，与肩同宽站稳，身体与炉灶相距 15 厘米。左手掌心向上，大拇指在上，四指并拢握住锅柄，端握炒锅时力度要适中，将锅端平、端稳（图 5–1）。

图 5–1　端握单把炒锅的姿势

2. 端握双耳炒锅的姿势

左手大拇指勾住锅耳，其余四指并拢，掌心向着锅沿，紧贴锅沿，握锅时五指同时用力，夹住炒锅。正式烹调时，应该用厚的湿抹布包裹住锅耳，以免烫伤手（图 5–2）。

图 5-2 端握双耳炒锅的姿势

三、旋锅的方法

旋锅的操作方法是：将炒锅做顺时针或逆时针晃动，使锅内的原料旋转，以免原料粘在锅底或发生焦煳等现象，并保证旋锅的顺利进行。晃动时的力度要均匀适中，特别是汤汁较多的菜肴或油煎、油贴的菜肴，用力不可过猛，以免汤汁或热油溢出，造成不必要的烫伤。

（一）单把炒锅的旋锅方法

左手握住锅把，对炒锅施加一个顺时针（或逆时针）的作用力，使原料在锅内做顺时针旋转。

（二）双耳炒锅的旋锅方法

用抹布包住耳锅的锅耳，再用左手大拇指勾住锅耳，同时用左手的其余四指托住锅身，按照顺时针（或逆时针）方向给锅施加一个作用力，使原料在锅内沿着一定方向旋转。

实训5-1 旋锅

1. 实训要求

1）教师循环指导学生，解决学生旋锅时原料在勺内不转动、转动不均匀等问题。

2）发现学生旋锅手法错误，应及时纠正。

3）学生在课堂上学习旋锅方法，课下要多练习用沙子旋锅，等完全掌握后可以练习用实物在灶台上旋锅。

4）学生分组练习。教师可组织学生进行比赛，根据学生的情况进行打分。

2. 实训评价（表 5-1）

表 5-1 旋锅实训评价

项目	原料与锅之间摩擦力度是否适当	旋锅动作是否标准	旋锅用力是否均匀、协调一致	是否将原料顺时针方向旋转	合计
标准分	30	20	20	30	100
扣分					
实际得分					

任务二 小翻锅法

【知识目标】

1. 掌握小翻锅技法的基本要求。
2. 掌握小翻锅技法的动作要领。

【能力目标】

能熟练掌握小翻锅技法。

【素养目标】

1. 具有终身学习意识，查阅运用小翻锅的菜肴。
2. 刻苦训练，边练习边总结经验。

小翻锅是指原料在锅内做小于180°的翻转，或者把锅内原料的一部分翻转过来。这种翻锅方法要求用力较小，锅的上扬幅度也比较小。一般是左手握锅，略微向前倾斜，使锅前低后高，采用推、拉、送、扬、托的连贯动作，使原料在锅内翻转。

一、小翻锅的基本要求

1. 原料的要求

在小翻锅之前，首先要通过旋锅或抖动炒锅，使原料与炒锅分离。

2. 动作要求

在正式翻锅之前，用左手旋锅或抖动炒锅，也可以用手勺推动原料，最好使锅内原料有一个向前滑动的趋势。

3. 心理因素与心理准备

在正式翻锅前的一刹那，要做好充分的思想准备，要果断，要坚决，把握好时机，实现一次性翻锅，千万不能犹豫，否则会出现原料洒落、翻锅不畅或动作不协调等现象。

4. 力度要求

在翻锅的时候，要把握好力度，协调好推、拉、送、扬、托等动作。力度大了，原料送出的幅度就比较大，容易发生洒落现象；力度小了，原料不容易从锅中被送出，可能导致翻锅不畅。

二、小翻锅的规范动作和动作要领

1. 小翻锅的规范动作

小翻锅往往包含旋锅的动作，通过旋锅，使原料在锅内相对滑动，当原料滑动到炒锅的正前方时，自然地采取推、拉、送、扬、托一系列动作，先推动炒锅，使原料从锅中脱出，顺势将原料扬起，当原料在空中翻转下落时，将炒锅向后拉回，将翻转以后的原料接回锅中。

2. 小翻锅的动作要领

首先要把握好推、送和扬的力度，将原料顺利地推送出锅沿，实现顺利地翻转，然后将炒锅微微后拉，将翻转以后的原料接入锅中，不能洒落。

实训5-2 小翻锅

1. 实训要求

1）教师循环指导学生，解决学生小翻锅原料翻不动和只动不翻等问题。

2）发现学生翻锅手法错误，应及时纠正。

3）学生在课堂上学习小翻锅的操作方法，课下应用沙子或小石子练习，待完全掌握后可以用实物在灶台上练习小翻锅。

4）学生分组练习。教师可组织学生进行比赛，根据学生的情况进行打分。

2. 实训评价（表5-2）

表 5-2 小翻锅实训评价

项目	原料与锅之间摩擦力度是否适当	翻锅动作是否标准	翻锅是否果断、协调一致	原料翻过来过少或过多	合计
标准分	30	20	20	30	100
扣分					
实际得分					

任务三 大翻锅法

【知识目标】

1. 掌握大翻锅技法的基本要求。
2. 掌握大翻锅技法的动作要领。

【能力目标】

能熟练掌握大翻锅技法。

【素养目标】

1. 具有终身学习意识，查阅运用大翻锅的菜肴。
2. 刻苦训练，边练习边总结经验。

大翻锅是通过比较大的力度、特别流畅的动作，使锅内的原料一次性实现 180° 翻转，也就是将锅内的原料一下子全部翻转过来。

大翻锅的操作方法：先顺时针方向晃动炒锅，通过摩擦力使原料在锅中做顺时针旋转，接着顺手一扬，让原料从右前方脱出锅，在上扬的同时，用炒锅的锅沿将原料向里勾拉，使离锅的原料向内翻转，根据原料下落的速度和位置，将原料接入锅中。

一、大翻锅的规范动作

大翻锅的规范动作如同小翻锅，不过推、拉、送、扬、托的力度比小翻锅要大一些，所有的动作都要很流畅，动作幅度要大，否则原料不容易完全翻过来。

二、大翻锅的动作要领

大翻锅首先要保证原料与锅之间绝对分离，否则会因为摩擦力的作用而妨碍翻锅的流畅性；要做好充分的思想准备，要做到“心狠”“手狠”；要使用比较大的力度，确保翻锅的顺利进行。

双耳炒锅的大翻锅方法与单把炒锅相同，使用的力度比单把炒锅还要大，因为耳锅的支撑点与单把炒锅不一样。大翻锅比较费力气，因此在翻锅的时候最好使用手勺协助完成，也可以找一个类似炉口的支撑物作为支点。

 实训5-3 大翻锅

1. 实训要求

1）教师循环指导学生，解决学生大翻锅原料翻不动等问题。

2）发现学生翻锅手法错误，应及时纠正。

3）初次练习，可以将锅洗干净，摊一张饼，用饼练习，既可降低难度，也能增加学生的信心。

4）学生分组练习。教师可组织学生进行比赛，根据学生的情况进行打分。

2. 实训评价（表5-3）

表5-3 大翻锅实训评价

项目	推送的动作是否适当	拉、扬的动作是否恰当	翻锅是否果断、协调一致	最后是否呈现了180°的翻转	合计
标准分	30	20	20	30	100
扣分					
实际得分					

后翻、左翻与右翻锅法

【知识目标】

1. 掌握后翻和左右翻锅技法的基本要求。
2. 掌握后翻和左右翻锅技法的动作要领。

【能力目标】

能熟练掌握后翻和左右翻锅技法。

【素养目标】

1. 具有终身学习意识，查阅运用后翻锅和左右翻锅的菜肴。
2. 刻苦训练，边练习边总结经验。

后翻、左翻与右翻锅法与小翻锅、大翻锅的方法基本相似，只是在翻锅的方向上发生了改变。因此，在具体操作中有一定的区别，尤其后翻锅，用力方法有了一定的改变，先采用后拉的方法，使原料滑动到炒锅的后沿向前沿翻转。当原料滑动到锅后沿的时候，用力使劲向前推、送，待原料翻转以后将原料顺利地接入锅中。

一、后翻、左翻与右翻锅的基本要求

1. 动作规范

无论哪种翻锅，都要先将炒锅端稳，在平稳的基础上按照后翻、左翻和右翻的操作要求对炒锅采用不同方向的拉、推、送、扬、托等方法将原料送出锅沿，使原料在空中实现翻转，然后平稳地将原料接入锅中。

2. 旋转适度

旋转原料主要是为了使原料与炒锅分离，并且按照不同的翻锅方法提前做好翻锅准备，使原料滑动到适当的位置，旋转的力度不要过大，适可而止，以免造成不必要的洒落现象。

3. 摩擦力的控制

摩擦力与锅、原料以及旋锅的力度都有关系。锅的内表面粗糙，摩擦力就大；内表面光滑，摩擦力就小。原料的数量多，则摩擦力大；反之，则摩擦力小。旋转的力度大，则摩擦力大；反之，则摩擦力小。另外，摩擦力跟原料的品种也有关系。在练习旋锅或翻锅的时候，一定要根据经验调节摩擦力，以确保原料能够顺利翻锅。

4. 原料抛出的弧度

原料从锅沿抛出的弧度主要取决于推、送、扬的力度和锅沿的摆动幅度，施加的力度大，抛力猛，则抛出的弧度就比较大，看起来比较流畅。在具体练习的时候，应根据每个人的具体情况来选择抛出的弧度，一般以适当为原则，能将原料顺利地翻转过来为度。

5. 翻锅质量

翻锅的质量评价应该从端锅的平稳度，旋锅的力度，原料停留的部位，推、送、扬的力度，抛洒的弧度，原料接入锅中的情况，翻锅的熟练程度，单位时间内翻锅的次数以及有无原料洒出锅外等方面进行综合判断。

二、后翻、左翻与右翻锅的动作要领

1. 后翻锅的动作要领

在后翻锅的过程中要注意整个动作的流畅性，动作连贯、协调一致是做好后翻锅的基本要求。

2. 左翻锅的动作要领

先顺时针晃动炒锅，使原料旋转，接着左手用力并转腕，向左扬起炒锅（幅度不大），原料即翻转，再将锅迅速端平，接住原料即可（图 5-3）。

图 5-3 左翻锅

双耳炒锅的操作方法与单把炒锅相似，只是用力比较大，力的作用点与单把炒锅不一样，在翻锅时不太适手。

在正常的烹调过程当中，一般很少使用此翻锅方法，但此方法常常用于菜肴装盘过程，需要锅与手勺同时配合进行。

3. 右翻锅的基本方法

在常规烹调中，此法运用得比较少，因此对于该部分技能只做一般性的了解。在具体翻锅的时候，先将原料滑动到锅沿的右侧，然后采用向右的作用力对锅进行一定幅度的推、拉、送、扬、托，并将原料接入锅中。

实训5-4　左、右翻锅

1. 实训要求

1）教师循环指导学生，解决学生左、右翻锅原料翻不动等问题。

2）发现学生翻锅手法错误，应及时纠正。

3）左、右翻锅的难度相对较大，学生练习时候，可以先放少部分原料（半干沙或大米）进行练习，熟练后逐步增加原料的重量。

4）学生分组练习。教师可组织学生进行比赛，根据学生的情况进行打分。

2. 实训评价（表 5-4）

表 5-4　左、右翻锅实训评价

项目	推送的动作是否适当	手腕的动作是否恰当	出手是否果断、协调一致	左右的弧度是否合适	合计
标准分	30	20	20	30	100
扣分					
实际得分					

任务五 手勺并用与翻锅

【知识目标】

1. 掌握手勺并用与翻锅技法的基本要求。
2. 掌握手勺并用与翻锅技法的动作要领。

【能力目标】

1. 能熟练掌握手勺的握法。
2. 能运用手勺协助菜肴翻锅。

【素养目标】

1. 具有终身学习意识，查阅手勺的运用技巧。
2. 刻苦训练，边练习边总结经验。

手勺并用与翻锅是指在翻锅的过程中，利用手勺的推动力结合翻锅的力量，将原料在锅内翻转的过程。手勺并用与翻锅的方法在实际生活运用中比较广泛，操作时要将手勺的动作与翻锅的动作有机地结合起来，尤其对一些比较难翻的原料，应充分利用手勺的作用使翻锅更加轻松自如。

一、手勺并用与翻锅的基本要求

1）锅内表面光滑，锅边无污垢。正式烹调时，应该将锅烧热，用油润滑锅至光亮。

2）用力要适中。用力过大，则菜肴容易溢出，造成浪费，也容易造成烫伤；用力过小，则菜肴在锅内翻转的程度不够，有时容易破坏菜肴的造型。

3）菜肴在锅内翻转的次数要恰到好处，适时翻锅。

4）在翻锅的过程中，要时刻注意左右手的协调、配合。

二、手勺并用与翻锅的动作要领

（一）手勺的握法

1. 手的姿势

手勺一般由右手抓握，拿勺时身体仍然要自然站直，伸出右手，将勺柄放入掌心，自然弯曲大拇指和其余四指抓住勺柄，通过手腕可以做自由转动（图 5–4）。

图 5–4　手的姿势

2. 手勺拿在手中的部位

手勺柄的末端一定要抓在掌心内。勺柄抓得过于偏向后方，则不方便用力；过于偏向前方，则后面的柄尖容易抵住胳膊，不方便手勺的转动。

3. 拿勺的方向

在具体练习或操作中，一般将食指自然地放于勺柄的背部，这样操作方便使用手勺来进行推、拉、接、装、扣等一系列动作。

（二）手勺并用与翻锅的规范动作

左手旋锅，右手持勺，将勺口朝下，自然地放于原料上，随同左手的旋锅动作而做出同步运动，并逐渐增加力度，这样两手协同旋锅，会减少左手单独旋锅的疲劳程度，而且两手同时运动，容易保持身体的平衡。

（三）手勺并用与翻锅的动作要领

如果采用旋锅的方法来翻锅，在正式翻锅前，应将手勺自然直立于原料的后边缘，随同左手的推、送、扬等动作同步进行。如果采用两手协同翻锅，应该先用手勺在锅内搅拌原料（为提高搅拌效率，往往采用“倒 8”字搅拌），使原料与锅充分分离以后，再将手勺退回到原料的后边缘并直立放置，然后与左手同步翻锅，否则会发生意外现象（图 5–5）。

图 5–5　手勺并用与翻锅

实训5-5 手勺并用与翻锅

1. 实训要求

1）教师循环指导学生，解决学生双手配合不协调等问题。

2）发现学生手勺并用翻锅动作错误，应及时纠正。

3）学生分组练习。教师可组织学生进行比赛，根据学生的情况进行打分。

2. 实训评价（表5-5）

表5-5 手勺并用与翻锅实训评价

项目	手勺并用的站立姿势是否正确	左手推是否恰当	右手勺法是否正确	双手是否协调一致	合计
标准分	30	20	20	30	100
扣分					
实际得分					

项目六　初步熟处理与制汤

任务一 焯水

【知识目标】

1. 掌握焯水对原料的影响。
2. 掌握焯水对成菜的作用。

【能力目标】

1. 能熟练掌握冷水锅焯水。
2. 能合理运用沸水锅焯水。

【素养目标】

1. 具有健康意识，掌握焯水时间的长短。
2. 具有节约意识，物尽其用。

焯水又称出水、水锅、飞水，就是把经过初加工的原料，放入水锅中加热到半熟或刚熟的状态，以备进一步切配成型或烹调菜肴。焯水包括冷水锅焯水和沸水锅焯水两种。

需要焯水的原料比较广泛，大部分蔬菜及一些有腥、膻、臊气味或有血污的肉类原料，都必须进行焯水。

一、焯水的原则

1）根据不同性质的原料，掌握焯水时间。

2）有特殊气味的原料应与一般原料分开焯水。

3）深色原料与浅色原料应分开焯水。

4）一般新鲜原料用沸水锅焯水，有异味、血污的原料用冷水锅焯水。

依据焯水的原则，新鲜绿叶蔬菜必须使用沸水锅焯水，才能达到菜肴的质量标准。沸水锅焯水时要求使用旺火加热，锅中的水量要宽，一次性投料不宜过多。绿叶蔬菜焯水速度要快，捞出后要及时用冷水投凉，以防原料变色。

二、焯水对原料的影响

在焯水过程中，原料会发生各种化学变化和物理变化，很多变化对烹调是有益的。例如，菠菜、笋类通过焯水，所含的草酸被溶析出来；萝卜焯水时芥子油大部分会被挥发掉，减轻了辛辣味，同时萝卜所含的淀粉受热被水解为葡萄糖，又产生了甜味。

焯水也会造成部分营养成分的流失。鸡肉、鸭肉、猪肉等焯水时，沸水会使其所含的蛋白质及脂肪分解而流失在汤中；蔬菜中所含的维生素 C、无机盐类，既怕高温又易氧化，并溶解于水，焯水会造成部分损失。因此，在焯水过程中，应把营养成分的损失减小到最低限度。

三、焯水的方法

（一）冷水锅焯水

冷水锅焯水是指将原料与冷水同时下锅，加热至一定程度捞出，洗涤后备用。

1. 适用范围

1）动物性原料：适用于腥、膻、臊味重，血污多的原料，如牛肉、羊肉及动物内脏。这些原料如果放在沸水锅中下锅，其表面会因骤然受热，蛋白质凝固而收缩，原料内部血污不易排出，而影响半成品的质量。

2）植物性原料：适用于体积较大、质地坚实的蔬菜，如笋类、芋头、萝卜、马铃薯、慈姑、山药等。因为这些原料有的有苦味和涩味，只有在冷水中逐渐加热才易消除。同时，这些原料有的体积较大，如用沸水加热，易造成外熟内生。

2. 冷水锅焯水的步骤

洗净原料→放入锅中（掌握焯水原则，按原料分类操作）→注入清水（淹没原料）→加热（掌握火候）→捞出原料（用清水或温水洗涤干净）备用。

3. 操作要领

在焯水过程中，应不时翻动原料，应根据原料性质、切配及烹调要求，按顺序分别取出原料，防止加热时间过长，原料过于熟烂。

加水不能太少，锅中的水一定要浸没原料。

（二）沸水锅焯水

沸水锅焯水指先将锅中的水加热至沸滚，再将原料放入，加热达到要求捞出备用。

1. 适用范围

1）蔬菜类：适用于需要保持色泽鲜艳、味美脆嫩的原料，如菠菜、莴笋、绿豆芽、油菜等。这些蔬菜体积小、含水量多、叶绿素丰富，如果冷水下锅，会由于加热时间较长而不能保证色泽鲜艳和口感脆嫩，所以，必须在水沸后放入原料，并用旺火加热，迅速焯水。

2）肉类：适用于腥、膻味小的原料，如鸡肉、鸭肉等。这些原料放入沸水中焯水，能除去血污和异味。

2. 沸水锅焯水步骤

洗净原料（洗去表面血污，除去杂质）→放入沸水锅中（掌握焯水原则，按原料分类操作）→加热（水量要宽，沸水下料，旺火加热，掌握好火候）→捞出原料（肉类从沸水中捞出，用温水洗净浮沫；蔬菜类捞出后用清水迅速冲凉）备用。

3. 操作要领

蔬菜类的原料焯水时，必须做到沸水下料，水量要宽，旺火加热，控制好成熟度；原料焯水捞出后，迅速用冷水冲凉并凉透。肉类原料焯水前必须洗净，焯水后的汤汁，可作为一般汤菜或羹菜的用汤。

实训6–1 奶白菜焯水

奶白菜是日常生活中一种常见蔬菜，它的营养价值高，口味好，深受人们的喜爱。奶白菜含有叶，也有部分茎，其焯水比较考验厨师的基本功。

1. 工作准备

手勺、炒锅、漏勺、不锈钢盆、奶白菜。

2. 实训流程

奶白菜洗净→放入沸水锅→焯水捞出→放入不锈钢盆中，用冰水浸泡。

3. 操作步骤

1）奶白菜洗净，按照头尾一致，排列整齐（图 6–1）。

图 6–1 洗净奶白菜备用

2）锅刷干净，可以放入大量的水，加少许盐烧开，同时准备一盆带冰冷水。

3）放入奶白菜，加少许色拉油，待奶白菜的茎、叶变为深绿，迅速捞出放入冰水中（图 6–2）。

图 6–2　焯水后放入冰水中

4. 交流与反思

1）蔬菜焯水时候为什么加少许盐？投放蔬菜时，为什么加色拉油？

2）如何保证奶白菜的叶和茎同时达到焯水的效果？

5. 实训考核（表 6–1）

表 6–1　奶白菜焯水实训考核

项目	奶白菜处理得是否整洁	放入的水量是否合适	焯水的时间是否恰当	奶白菜焯水的成品效果	合计
标准分	20	25	25	30	100
扣分					
实际得分					

任务二 过油

【知识目标】

1. 掌握过油的作用。
2. 掌握走油和滑油的方法。

【能力目标】

1. 能辨认油温的高低。
2. 能根据原料的特点和成菜要求选择油温。

【素养目标】

1. 具有健康意识，恰当运用油的多少。
2. 具有安全意识，防范油锅起火事件。

过油是指以油为传热介质，将已加工成型的原料，在油锅内加热成熟，制成半成品的初步熟处理方法。过油能使菜肴口味滑嫩软润，保持或增加原料的鲜艳色泽，而且富有菜肴的风味特色。

过油是一项重要而且应用普遍的操作技术，只有掌握好火力的大小、油温的高低、投料数量与油量的比例，以及加热时间的长短，才能保证菜肴的质量。

一、过油的作用

1）过油后的原料具有滑嫩或酥脆的质感。原料在加热前拌上不同的糊浆，过油时采用不同的油温加热，便可制成不同质感的半成品。

2）保持或增加原料的色泽。例如，油炸脆皮鱼，鱼挂上湿淀粉糊后入油锅炸制成初坯，其色泽呈浅金黄色。不同的油温能起到不同的成色效果。

3）丰富菜肴的风味。过油加热中，由于油脂富含香味，在不同油温的作用下，可去除原料异味，增添香味。

4）保证原料形体完整。经过油炸制，原料表面会因高温而凝结成一层硬膜，保持内部的水分和鲜香味不致外溢，还能保持原料形态完整。

二、油温的识别与掌握

（一）油温的识别

所谓油温，是指锅中的油经加热所达到的各种温度。不论滑油、走油，都应当正确掌握油温。依据实践经验，油温大致可分三类，如表 6–2 所示。

表 6–2 油温的识别

名称	俗称	温度	油面情况	原料下锅反应	使用情况
温油	三四成油	90℃ ~ 120℃	无青烟，无声响，油面平静	原料周围出现少量气泡	适合于鸡片、嫩肉片、虾球等上浆原料的拉油
热油	五六成油	120℃ ~ 180℃	微冒青烟，油从四周向中间翻动	原料周围出现大量气泡、无爆响声	适合薄粉、轻糊的鱼类和肉类原料
旺油	七八成油	180℃ ~ 240℃	有青烟，油面比较平静，投入水珠有响声	原料周围出现大量气泡并带有轻微的爆炸声	适合炸制上粉、挂糊的鱼块和肉类原料
冲油	八九成油	240℃ ~ 280℃	青烟大，油面较为平静，用手勺搅动有声响	原料下入周围有滚动的气泡，并有较大的响声	体大的生鱼，以及生鹅掌和鸡爪

（二）油温的掌握

掌握鉴别油温的方法后，还必须根据火力大小、下料多少及原料质地和规格三个因素，正确运用油温，其原则如下：

1. 根据火力大小恰当运用油温

1）用旺火加热，原料下锅时油温应低一些。因为旺火能使油温迅速升高，如果原料在火力旺、油温高的情况下入锅，极易造成黏结散不开、外焦内不熟的现象。

2）用中火加热，原料下锅时油温应高一些。因为以中火加热，油温上升较慢，如果原料在火力不太旺、油温低的情况下入锅，则油温会迅速下降，造成脱浆、脱糊。

3）在过油加热时，如果火力太旺、油温上升太快，应立即端锅离火或部分离火；在不能离火的情况下可加入凉油使油温降低至适宜的温度。

2. 根据投料数量运用油温

1）投料数量多，下锅时油温应高些。在原料凉、数量多的情况下，投料后油温必然会迅速下降，而且降幅较大，回升较慢，故应在油温较高时下锅。

2）投料数量少，下锅时油温应低些。原料量少，油温下降的幅度较小，而且回升较快，所以应在油温较低时下锅。

3. 根据原料质地和规格运用油温

对于细嫩和小形的原料，下锅时油温应低一些；对于粗老韧硬和整形大块的原料，下锅时油温应高一些。

以上各种运用油温的方法不是孤立的，必须同时考虑，综合运用，灵活掌握，以便把油温控制在原料过油所需要的范围内。

三、过油的方法

按照油温的高低、油量的多少和过油后原料质感的不同，过油可以分为滑油和走油两种方法。

（一）滑油

滑油又称划油、拉油等，是指用中油量、温油锅，将原料滑散成半成品的一种初步熟处理方法。滑油时，多数原料要上浆，使原料不直接同油接触，水分不易溢出，保持香鲜、细嫩、柔软。

1. 滑油的程序

洗净油锅→炙锅放油→加热→放入原料滑油→捞出备用。

2. 适用范围

滑油的适用范围较广，鸡肉、鸭肉、鱼、虾、猪肉、牛肉、羊肉、兔肉等都可滑油，一般切成丝、丁、片、条、粒、块等规格，主要用于烧、熘、爆、滑炒等烹调方法制作的菜肴，如水煮鱼片、山蕈烧鸡片等。

3. 操作要领

1）油锅要洗净，油要炼熟、干净，否则会影响菜肴的色泽和香味以及产生粘锅现象。

2）上浆的原料应分散下锅，未上浆的原料应抖散下锅。原料上浆后表面会带上一层黏性的浆状物，如果将许多原料一起倒入油锅，容易发生粘连，对菜肴的质、色、味、形都有一定的不良影响，所以要分散下锅，并要在恰当时间内将原料轻轻弄散，不使其粘连。

3）滑油的油量应适中，一般为原料的 4 ~ 5 倍，油温应掌握在三四成热的幅度内。油温过高或过低，都会影响原料滑嫩的效果。一般二成以下的油温，会使原料上的浆汁脱落，导致原料变老，失去上浆的意义，超过五成热的油温，则会使原料粘在一起，并使原料表面发硬变老，失去了其应有的特点。

4）需要白色的菜肴时，滑油应用无色的新鲜色拉油。

（二）走油

走油又称跑油、油炸等，是指用大油量、热油锅将原料炸成半成品的一种初步熟处理方法。走油时，因油温较高，原料内部或表面的水分迅速蒸发，从而达到定形、上色、酥脆或外酥内嫩的效果。

1. 走油的程序

洗净油锅→放油加热→放入原料过油→捞出备用。

2. 走油的范围

走油的适用范围较广，鸡肉、鸭肉、鱼、猪肉、牛肉、羊肉、兔肉、蛋品、豆制品等都可走油，适用于烧、炖、煨、蒸等烹调方法制作的菜肴，如家常豆腐、豆瓣鲜鱼、酥肉、丸子等。

3. 操作要领

1）走油时油要淹没原料，便于翻动，受热均匀；原料应分散放入，火力要适当，防止外焦内不熟。

2）原料需要外酥内嫩的，过油时应重油（又称复炸），也就是重复油炸。原料经过挂糊，先放入旺火热油锅内炸一下，再改用中火或温油锅继续炸制，使其在温油锅中渐渐内外熟透，捞出，再放入旺火油锅内炸一下，使成品达到表面酥脆、内部质嫩的要求。

3）原料需要酥脆的，要用温油锅浸炸。有些菜肴，如葱酥鱼、麻辣酥鱼等，要求口感内外酥脆，应先将原料放入中火热油锅炸一下，再改用中小火温油锅继续炸至酥脆。

4）带皮的原料下锅时，应肉皮朝下。采用这种方法，受热较多，炸后易达到松脆泛泡的要求。

5）原料放入热锅后，其表面水分在高油温下急剧蒸发，油锅内会发出爆炸声。爆声转弱时，说明原料表面的水分已基本蒸发，这时应将原料推动、翻转，使其受热均匀，防止相互粘连、粘锅或炸焦。

6）注意安全，防止烫伤。原料放入油锅后，因其表面水分骤受高温，迅速汽化溢出，会引起热油四处飞溅，易造成烫伤事故。预防烫伤的办法有：一是原料下锅时，与油面距离应越近越好，大块原料应贴锅边下入；二是下锅前将原料的表面水分擦干。

实训6-2　肉丝滑油

肉丝滑油前要先码味上浆处理，再下入三四成热的油锅里滑散，等到原料滑散且发白时，便倒出来沥油。

1. 工作准备

手勺、炒锅、漏勺、不锈钢盆、油盆、猪外脊肉。

2. 实训流程

肉丝腌制→上浆静置→炒锅烧油至三四成热→原料下锅滑油→捞起沥油→备用。

3. 操作步骤

1）将猪外脊肉切丝，加入盐、料酒抓拌腌制（图 6–3）。

2）把腌好的肉丝加水粉浆拌匀，静置 30 分钟（图 6–4）。

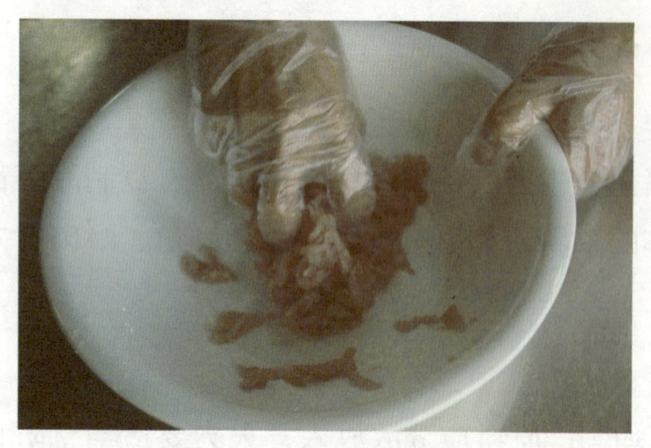
图 6–3 肉丝抓拌腌制

图 6–4 肉丝上浆后静置待用

3）炒锅放入相当于肉丝 3 ~ 4 倍的油，油温加热至三四成热，倒入肉丝，等肉丝自然散开，捞起（图 6–5）。

4）把肉丝放入油盆上沥油，放入不锈钢盆备用（图 6–6）。

图 6–5 肉丝在油锅中滑散

图 6–6 肉丝沥油备用

4. 交流与反思

1）肉丝上浆前为什么要腌制？

2）把肉丝放入油锅中，能不能立即搅散，为什么？

5. 实训考核（表 6–3）

表 6–3 肉丝滑油实训考核

项目	肉丝切得是否均匀	腌制过程中肉丝上劲情况	上浆的肉丝黏度合适	滑出肉丝是否脱浆	合计
标准分	20	25	25	30	100
扣分					
实际得分					

任务三　走红

【知识目标】

1. 掌握走红的作用。

2. 掌握走红的操作要领。

【能力目标】

1. 会运用卤汁走红。

2. 会运用过油走红。

【素养目标】

1. 具有终身学习意识，查阅走红的技巧。

2. 勤学多问，了解走红的运用。

走红是指将原料投入各种有色调料汁中加热，或将其表面涂上某些有色调料，又或经过油炸使原料着上颜色，以使菜肴美观的一种初步熟处理方法。

一、走红的作用

1. 增加原料的色泽

各种家禽、畜肉、蛋品通过走红，能达到菜肴色泽的需要，如浅黄、金黄、橙红、金红等颜色。

2. 增香味，除异味

在走红过程中，原料或是在红卤汁中加热，或是在油锅内炸制，在调料和油温的作用下，能除去原料异味，增加香鲜味。

3. 使原料定型

原料在走红的过程中，就基本确定了成菜后的形状（如整形或大块原料）；对一些走红后还需切配的原料，也十分注意走红时的规格。所以，走红也是决定成菜形态的关键。

二、走红的方法

1. 卤汁走红

卤汁走红指在锅中放入经过焯水或走红的原料，加入鲜汤、香料、料酒、糖色（或酱油）等，用中火或小火加热，以达到菜肴所需要的颜色。

卤汁走红一般适用于鸡肉、鸭肉、鹅肉、畜肉等原料的上色，用以制作烧、蒸类菜肴，如红烧全鸡、豆渣全鹅、卤鸭等。

加工程序：整理原料→调制卤汁→加热→备用。

2. 过油走红

过油走红指在原料（有些经过焯水）表面涂抹上料酒或饴糖、酒酿汁、酱油、面酱等，放入油锅内炸至上色。

过油走红一般适用于鸡肉、鸭肉、猪肉等原料的上色，用以制作卤、蒸类的菜肴，如芽菜咸烧白、龙眼咸烧白、过油肘子等。

加工程序：锅放入油→加热→放入原料→过油炸→捞出备用。

三、走红的操作要领

1）卤汁走红应掌握卤汁颜色的深浅，使其色泽符合菜肴的需要。

2）卤汁走红应先用旺火烧沸，再改用小火继续加热，使味和色缓缓渗透，避免损失香鲜味。可用鸡骨垫底，既可增加香鲜味，又能避免原料粘锅。

3）过油走红时涂抹在原料表面的饴糖等调味品，由于其中含有糖分遇高温焦化，所以必须调剂好糖分的含量并涂抹均匀，这样油炸后着色才会一致。

4）过油走红的油温，应掌握在五六成热，使原料上色均匀，肉皮酥松而不致出现焦点、花斑色等。

四、走红的原则

1）卤汁走红应按菜肴的需要，掌握有色调料用量和卤汁颜色的深浅。卤汁走红时先用旺火烧沸，及时改用小火加热，使味和色缓缓地浸入原料。

2）过油走红要把料酒、饴糖等调味料均匀地涂抹在原料表面，油温在五六成热。这样，可较好地起到上色的作用。

3）控制好原料在走红加热时的成熟程度，及时转入烹调。原料走红上色时有一个受热熟化的过程。由于走红还不是正式的烹调阶段，更不是烹调的终结，所以，要尽可能在原料已上色的前提下，结束走红，迅速转入烹调，避免因原料走红过久，导致过分熟化，影响到正式烹调。

4）鸡、鸭、鹅等禽肉应在走红前整理好形状，走红中应保持原料形态的完整。

实训6-3 猪肘走红

有些用烧、蒸、焖、煨等烹调的原料，需要将原料上色后再进行烹制，就需要用走红。虎皮肘子中的“虎皮”需要经过初加工，再经过油炸或烤的方法，使原料表面呈现褐黄色、气泡、起皱纹等。

1. 工作准备

手勺、炒锅、漏勺、不锈钢盆、纸巾、猪肘、饴糖汁。

2. 实训流程

猪肘去毛整理干净→焯水→涂色（饴糖汁）→油炸→备用。

3. 操作步骤

1）猪肘洗净，把毛去干净（图 6-7）。

2）锅刷干净，放入大量的水，把猪肘放入，冷水锅焯水，去除血污（图 6-8）。

图 6-7 猪肘去毛

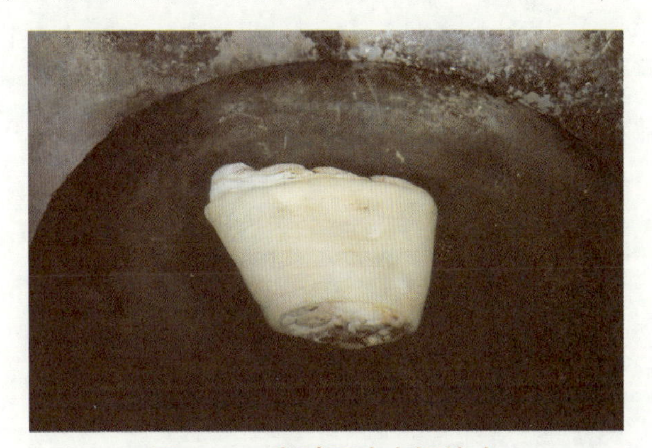

图 6-8 猪肘下冷水锅焯水

3）将猪肘捞出，用干净的纸巾擦去水分，把调好的饴糖汁均匀涂抹在猪肘表面，晾干（图 6-9）。

4）锅内加油，烧至六七成热，将猪肘下油锅炸制，见颜色呈红褐色，捞出备用（图 6-10）。

图 6-9 把调好的饴糖汁均匀涂抹在猪肘表面

图 6-10 下油锅炸至呈红褐色

4. 交流与反思

1）上色前，猪肘为什么要焯水？

2）涂抹好饴糖汁后，为什么要晾干？

3）如何保证猪肘油炸时上色均匀？

5. 实训考核（表 6-4）

表 6-4 猪肘走红实训考核

项目	猪肘处理得是否干净	猪肘焯水时间是否恰当	上色时涂抹是否均匀	油炸半成品效果	合计
标准分	20	25	25	30	100
扣分					
实际得分					

任务四 汽蒸

【知识目标】

1. 掌握汽蒸的作用。
2. 掌握汽蒸的方法。

【能力目标】

1. 能运用旺火沸水蒸制菜肴。
2. 会运用中小火蒸制菜肴。

【素养目标】

1. 具有终身学习意识，查阅汽蒸的运用范围。
2. 具有敬畏之心，注意汽蒸过程的安全。

汽蒸又称蒸锅、汽锅，指将已加工整理的原料入笼，采用不同火力蒸制成半成品的初步熟处理方法。汽蒸是颇有特色的加热方式，有较高的技术性。

一、汽蒸的作用

1. 可以加快原料成熟的速度

因蒸汽的温度比水煮高一些、利用蒸汽对原料进行熟处理，原料成熟的速度比水煮快得多。

2. 可以保持原料的完整性

原料完全处在封闭状态中，无须翻动原料，靠蒸汽的对流作用促使其成熟。干贝、鸡、鸭等原料常用汽蒸的方法进行熟处理。

3. 能有效保持原料的营养成分

因为汽蒸原料水分不易外溢，原料中的水溶性物质很少流失，其营养成分损失也很小，同时能保持原料原汁原味。

二、汽蒸的方法

根据原料的性质和蒸制后质感的不同，汽蒸可分为旺火沸水长时间蒸制法和中小火沸水徐缓蒸制法两种。

（一）旺火沸水长时间蒸制法

1. 蒸制程序

加水加热→放入原料→入笼→旺火蒸制→成熟。

2. 应用范围

旺火沸水长时间蒸制法主要适用于体积较大、韧性较强、不易煮烂的原料，如干贝、海参、蹄筋、鱼骨等干料的涨发，香酥鸭、旱蒸回锅肉、软炸酥方、姜汁肘子等菜肴半成品均用此法蒸制。

3. 操作要领

要求火力大、水量多、蒸汽足，保证半成品的质量。蒸制时间的长短，应视原料质地的老嫩、软硬程度、形状大小及菜肴的成熟程度而定。

（二）中小火沸水徐缓蒸制法

1. 蒸制程序

加水加热→放入原料→入笼→中小火蒸制→出笼→备用。

2. 应用范围

中小火沸水徐缓蒸制法主要适用于新鲜度高、细嫩易熟、不耐高温的原料或半成品原料，如竹荪肝膏汤、芙蓉嫩蛋、五彩凤衣、葵花鸡等菜肴的熟处理，以及蛋糕、鸡糕、肉糕、虾糕等半成品原料的蒸制。

3. 操作要领

要求水量足、火力适当、蒸汽冲力较小，以保证蒸制的半成品原料的质量。如果火力过大、蒸汽的冲力过猛，就会导致原料起蜂窝、质老、色变、味败，有图案的工艺菜还会冲乱形态。若发现蒸汽过足，可减小火力或把笼盖露出缝隙放汽，以降低笼内的温度和气压。

三、汽蒸的注意事项

1. 掌握好火力和时间

应根据原料质地的老嫩、体积的大小、容量的多少、气温的高低及烹调的要求，正确掌握好汽蒸的火力和时间，达到汽蒸的效果。

2. 多种原料同时汽蒸，要防止串味，注意控制笼中的水量

由于原料所表现出的色、香、味的不同，汽蒸时要合理放置。有腥、膻味，以及有汤汁、不易成熟的原料应放在下面；无色、无汁、少味的原料放在上面，以免串味。

3. 要与其他熟处理互相配合

一些原料在进行汽蒸前，还需要进行其他方式的熟处理，如走红、焯水等。

实训6-4 蛋白糕和蛋黄糕蒸制

蛋白糕和蛋黄糕是将蛋清和蛋黄分别放入两个容器中，采用汽蒸的方法完成初步熟处理。蛋清和蛋黄极怕高温加热，在汽蒸处理时要使用正确的蒸制方法，控制好蒸制时间及蒸制火力。

采用中小火沸水徐缓蒸制法蒸制时，要求使用小火加热，锅中的水量要宽，加热时间在90分钟左右，待蛋清、蛋黄凝固后取出放凉即可使用。

1. 工作准备

蒸锅蒸灶、炒锅、方盒、保鲜膜、不锈钢盆、鸡蛋。

2. 实训流程

蛋清和蛋黄分开→方盒垫上保鲜膜→分别把蛋清和蛋黄倒入方盒，摔实→锅内放入足量水，烧开→把方盒蛋清和蛋黄放入蒸笼→小火蒸制 90 分钟→出笼冷却→备用。

3. 操作步骤

1）两个不锈钢盆洗净，擦干水分。

2）把蛋黄和蛋清分开，分别放入不同的不锈钢盆中。

3）方盒洗净，擦干水分，底部和四周垫上保鲜膜，抚平。

4）把蛋清液和蛋黄液分别倒入方盒中，慢颠，使蛋液无空气。

5）蒸锅放水，大火烧开，放入蛋清和蛋液，小火蒸制 90 分钟。

6）取出，冷却备用。

4. 交流与反思

1）如何把蛋清和蛋黄分离干净？

2）蛋白糕和蛋黄糕制作过程中，时间是否相同？差别在什么地方？

5. 实训考核（表 6-5）

表 6-5 蛋白糕和蛋黄糕蒸制实训考核

项目	蛋清和蛋黄分离是否干净	蛋清和蛋黄调味是否恰当	蛋清糕和蛋黄糕表面是否光滑	蛋清糕和蛋黄糕无空隙	合计
标准分	20	25	25	30	100
扣分					
实际得分					

任务五 制汤

【知识目标】

1. 掌握制汤的原理。
2. 掌握制汤的关键。

【能力目标】

1. 能独自完成浓白汤的制作。
2. 能独自完成牛肉清汤和鲜蘑菇汤的制作。

【素养目标】

1. 具有终身学习意识，查阅上汤的制作技巧。
2. 刻苦训练，记下白汤、清汤等高汤的制作方法。

俗话说“唱戏的腔，厨师的汤”，可见汤的重要性。制汤技术的重要性是由汤在烹调中的作用决定的。其一，汤可以作为鲜味物质用来调味，在许多菜肴中起到增鲜的作用，如烧二冬等；其二，汤可以作为汤菜的主料，与其他原料一起共同制成菜肴，如高汤燕菜、奶汤鲫鱼等。另外，汤的使用非常广泛，从居家餐桌到高、中、低档筵席均离不开汤，筵席中素有开口汤、过口汤、收口汤的传统习惯。制汤技艺是中餐烹调技术不可缺少的重要内容。

制汤包括白汤、清汤、三合汤、鱼浓汤和素汤。清汤又包括上汤（顶汤、高汤）、一般清汤、牛肉清汤。

一、制汤的原理

原料在加热水解过程中，会有许多物质溶于汤中，如蛋白质中的多种氨基酸，脂肪中的多种脂肪酸和甘油，有机酸中的肌酸、肌酸肝、琥珀酸、乳酸、柠檬酸等，核酸中的肌苷酸、鸟苷酸、黄苷酸，糖类物质中的糖原，这些物质被统称为含氮浸出物，每种含氮浸出物都会给汤汁增添一定的风味，即鲜味。

一般制汤的原理是：原料要冷水下锅，用旺火烧开后迅速转入小火，保持汤汁不断振动。先不要放盐，以免肌肉和骨骼中的蛋白质过早变性凝固，不易使细胞中鲜味物质析出。随着温度的升高，原料中的胶原蛋白质、脂类、无机盐、维生素溢出，形成鲜美的汤汁，汤体的不断振动把脂肪分子撞击成许多小油滴而分散于汤中。肉皮和汤中的胶原蛋白在不停的振荡下，首先螺旋状结构被破坏，接着发生不完全水解，溶于汤中。明胶是一种亲水性很强的乳化胶，在汤中，它与磷脂共同起乳化作用。原料中的血红蛋白析出后，吸附周围的污物与杂质变性凝固，变性后的血红蛋白由于体积变大、比重变轻，而形成浮沫，浮上汤面，用手勺撇去即可。

二、制汤的方法

（一）白汤

1. 浓白汤

浓白汤（奶汤）的汤色乳白，汁浓味鲜。制作方法是：以猪骨、猪蹄等为主要用料，同时将需要熟处理的猪肉类原料放入大汤锅内，加葱、姜、料酒，将要烧沸时，撇净汤面血沫，加盖，用旺火焖煮，蹄髈、方肉、白切肉等达到预制要求时取出，猪骨、猪蹄等则需要继续加热 3 小时左右，直至汤汁呈乳白色，过滤备用。通常，用料 10 千克，加水 30 千克，可制汤 20 千克。一般烹制比较讲究的菜和用烩、煮等方法烹制的白汁菜肴均使用此汤，如滑熘里脊、扒三白等。

2. 一般白汤

一般白汤（二汤）的汤汁乳白，浓度和鲜味均比浓白汤差。制作方法较为简单：将煮过浓白汤的猪肉骨、猪蹄和拆卸猪肉所得的筋膜、碎皮等下脚料，加一定量的清水和葱结、姜块等烧沸，撇去浮沫，再加料酒，盖上盖，用旺火继续加热 2 ~ 3 小时，待煮到骨酥肉烂、骨髓溶于汤内，用筛滤去残骨烂渣即可。一般白汤在浓度上并无严格要求，因此用料与加水的比例也比较随意。此汤可作一般菜肴用汤。

（二）清汤

1. 上汤

上汤（高汤）的汤汁澄清，呈淡茶色，鲜味醇正，是烹制高级菜肴的用汤。制作方法是：将老母鸡斩成小块（或整只），放入清水汤桶中，加葱姜，用中小火慢慢烧煮，见血沫上浮，立即撇去（不让血沫散碎，以免影响汤的澄清度），在汤将沸未沸时，改用微火长时间（3 ~ 4 小时）加热。必须保持水沸而不腾，微微波动，这样既可使鸡肉的营养成分溶解于汤中，又可保持汤汁澄清。如果不能维持微火，汤汁就会变得浑浊。停止加热后，可先将汤滗出，再用多层纱布过滤。一般净鸡 1.5 千克，加水 3 千克，制汤 2.5 千克左右。此汤可作高档烩菜或汤菜用汤。

如果需要更高级的汤，可把制成的清汤作为基汁，再用臊子进行提炼，制成更高级的清汤。鸡腿蓉、牛肉蓉、鸡鸭血等称为红臊；鸡脯蓉、里脊蓉、蛋清称为白臊。将生鸡腿肉（去皮）剁成蓉状，加葱姜（拍烂）、料酒及适量清水浸泡半小时后放入清汤中，以中小火慢慢加热，同时用手勺将鸡蓉顺一个方向缓慢搅动，待汤将沸时，立即改用微小火（不能使汤翻滚），汤中细微的渣状物会吸附在鸡蓉上而浮于汤面，用手勺轻轻撇净，即成高级清汤。这种方法又称为吊汤。如果在此基础上，用鸡脯肉和鸡里脊剁成的蓉，制成饼状放入汤中再吊一次，则称为双吊汤，汤就更加鲜醇透明了。吊汤的目的是使汤更清澈，使味更鲜醇。

2. 一般清汤

一般清汤（鸡清汤）是将鸡、鸭的骨架、鸡鸭翅膀小节或散碎破皮的整鸡鸭（只用于制汤）等原料，加葱姜，放入大汤锅中，加清水用中小火慢慢煮沸，水沸时，改用微火继续进行长时间加热，使原料内的营养物质充分溶入汤中。汤在制作过程中，还可将制作白斩鸡的原料或需要初步熟处理的鸡一同放入，在达到要求时捞出。制作此汤，关键是维持小火，否则汤就不澄清。一般清汤的汤色清中带黄，滋味鲜醇，用于比较讲究的炒菜、烩菜的汤菜，如芙蓉鸡片、鸡片汤等。

3. 牛肉清汤

牛肉清汤是将洗净的牛肉切成扁形小块，加胡椒粉、蛋清拌匀，放入凉水桶内，用中小火慢慢烧至即将沸腾，蛋白上浮结成薄膜盖于汤面，立即改用微小火长时间（3小时）加热。必须始终保持汤水沸而不腾，保持温度在98℃左右，血沫吸附在汤面蛋白膜上，最后用手勺撇净蛋白膜，过滤即成清汤。制汤时有两个关键环节：一是必须维持小火，否则汤汁不澄清；二是整个制汤过程中，必须保持汤面的浮膜完好不破碎，绝不能用手勺下锅搅动。此汤汤汁澄清，呈淡茶色，口味鲜醇，有特殊的牛肉香味。

（三）三合汤

三合汤以火腿爪（或火腿骨、火腿皮）、鸡腿肉（或鸡、鸭骨）、猪腿肉（或猪蹄、猪骨）熬制而成。此汤鲜香浓郁，汤色淡白。制作方法是将三种原料投入汤桶内，加一定量的清水，用中小火慢慢烧滚，撇去浮沫，加料酒、葱结、姜块（拍松），盖上锅盖继续用中小火较长时间加热。此汤可作烩菜和汤菜的用汤，如四宝汤、什锦汤、什锦鱼羹等。

（四）鱼浓汤

鱼浓汤（鱼汤）是将鱼头、鱼骨（或小鲫鱼、小杂鱼）剁成小块，锅里放熟猪油，先下葱结、姜块（拍碎）炸香，随即下鱼块煸炒，加料酒，注入沸水，加盖用中小火沸煮30分钟左右，至鱼肉糜烂脱骨，汤呈乳白色时，用纱布滤去鱼刺骨等残渣即成。

（五）素汤

1. 豆芽汤

取新鲜黄豆芽，用豆油煸炒至八成熟，加水，加盖旺火焖煮 30 分钟左右，至汤呈乳白色时，滤去豆芽残渣即成。此汤色浓白，味鲜醇，可作炒、烩、煮等白色菜肴的用汤。

2. 扁尖笋汤

将扁尖笋放入锅中加清水煮 3 小时，待营养成分溶于汤中，捞去笋渣即成。此汤汤质澄清，汤色淡黄。扁尖笋鲜味浓郁，不宜单独使用，必须与 2 倍分量的豆芽汤合用。此汤可作为比较高级的烧、炒、汤菜的调味用汤，如鲫鱼汤、清汤鱼圆等。

3. 鲜笋汤

取鲜笋放入大汤锅里加清水烧 3 小时，过滤残渣即成。此汤口感鲜味浓郁，汤色绿黄。由于汤味过浓，不能单独使用，必须与 2 倍分量的豆芽汤拼用。此汤主要用于高级菜肴。

4. 鲜蘑菇汤

鲜蘑菇汤（或口蘑汤、香菇汤）是新鲜蘑菇焯水后的余汤。锅中清水烧开后，放入鲜蘑菇，烧开 5 分钟后捞出。将锅中的余汤静置沉淀后，再用纱布过滤即可。此汤汤色灰褐，味鲜，但有青草味。此汤可作一般菜肴的用汤。

三、制汤的关键

1. 必须选用鲜味足、无腥膻气味的原料

制汤所用的原料，必须鲜味充足。在用料方面，各地略有差别，但均以动物性原料为主，常用的有蹄髈、瘦肉、猪爪、猪骨，以及鸡鸭的翅膀、爪子、骨架等。

2. 制汤的原料，一般均应冷水下锅，中途不宜加水

制汤时，所用原料都是整只、整块的。一般应冷水下锅，如沸水下锅，其表面会骤受高温而凝固，内部的蛋白质就不能大量溶入汤中，难以达到鲜醇的目的。在制汤过程中，中途不能加水。

3. 恰当地掌握火力与加热时间

白汤制作一般用旺火、中火，使汤保持沸腾状态。恰当地控制火力极为重要：火力过大容易焦底，使汤变味；火力过小又会使汤汁不浓，鲜味不够。制作白汤一般需要 3 小时左右。

清汤制作是先以中火将汤煮至沸而不腾的状态，随即转用微火继续加热，使汤保持微滚状态，直至制汤成功。火力过小，原料内部的蛋白质不易浸出，影响汤的鲜醇。制作清汤的时间要比白汤略长，一般需要 4 小时左右。

4. 注意调味料的投放顺序

制汤中常用的调料有葱、姜、盐、料酒等。必须注意的是，煮汤时不能先加盐，因为盐有渗透作用，易使蛋白质凝固，使汤汁不浓醇，味不鲜。

5. 保持汤质新鲜

汤大多是集中加工，一次制成，分次使用。为保持汤质新鲜，以当天现制现用为好。

实训6-5 鱼浓汤制作

鱼浓汤制汤原料相对低廉，并且鱼浓汤在制作鱼类菜肴中用途广泛，深受厨师的喜爱。

1. 工作准备

小鲫鱼 1500 克、炒锅、葱姜适量。

2. 实训流程

鲫鱼去内脏洗净→炒锅放猪油炒葱结、姜片→放鲫鱼煎至双面微黄→加入 5 倍的沸水→炖至鱼肉糜烂脱骨→用纱布过滤鱼刺和残渣→冷却备用。

3. 操作步骤

1）鲫鱼去鳞，去除内脏，洗净。

2）炒锅放猪油，炒葱结和姜片，捞出。

3）把鲫鱼煎至双面微黄，加入沸水。

4）熬制鱼肉糜烂、脱骨，鱼汤呈奶白色。

5）用纱布过滤鱼刺和残渣。

6）鱼汤冷却备用。

4. 交流与反思

1）熬制之前为什么要煎鱼？

2）如何保存鱼浓汤？

5. 实训考核（表 6-6）

表 6-6 鱼浓汤制作过程实训考核

项目	鲫鱼去鳞、去内脏是否干净	葱结、姜块炒制是否恰当	鲫鱼煎制是否恰当	鲫鱼浓汤是否奶白	合计
标准分	20	25	25	30	100
扣分					
实际得分					

项目七　火候与调味

任务一 火候的识别与应用

【知识目标】

1. 掌握火候识别的方法。
2. 理解火候的要素与因素。

【能力目标】

1. 会根据火苗的大小辨别火力的大小。
2. 会运用炉灶的开关控制火力的大小。

【素养目标】

1. 具有终身学习意识，查阅火的相关知识。
2. 掌握清除火患知识。

火候是指烹制过程中，根据菜肴原料的性质、形状和成品菜肴的要求，对火力大小和用火时间长短的调节和运用，以获得菜肴由生变熟所需的适当温度，达到色、香、味、形俱佳的效果。

火力是指各种能源经物理或化学转变为热能的程度，专业上是指燃料在炉膛内燃烧的烈度。燃料处在剧烈燃烧状态中，火力就强，反之则弱。科技的发展，使越来越多的新发明运用到烹饪之中，传统的加热手段被大大地革新，加热由明火到无明火，这样食物的加热就更安全、更卫生、更易操作，为食物的熟处理打开了一个广阔的空间。

一、火力的识别

正确掌握火候的前提是识别火力，俗称看火。根据炉灶在燃烧时的表现形式，如火焰高低、火光明暗、火色不同、热辐射的强弱等现象的直观特征，一般将火力分为旺火、中火、小火、微火四种，不同火力用于不同菜肴的烹制。

1. 旺火

旺火（图 7–1）也叫武火、大火、烈火、猛火或急火，是烹调中最强的火力。其特点是火焰窜出炉口，高而稳定，呈黄白色，火光明亮，耀眼夺目，散发出灼热逼人的热气。主要用于“抢火候”类型菜肴的快速烹制，适用于爆、炒、烹、炸等烹调方法，目的是缩短菜肴在锅中停留的时间，减少营养成分的损失，保持原料的鲜美脆嫩。

2. 中火

中火（图 7–2）也叫文武火，是仅次于旺火的一种火力。特点是火苗在炉口处摇晃，时而窜出炉口，时而低于炉口，呈黄红色，火光较亮，有较大的热力，适用于烧、煮、熘等烹调方法，目的是原料受热均匀、便于入味，若用强热，容易碳化，使原料内的蛋白质受破坏而失去营养价值。

图 7–1 旺火

图 7–2 中火

3. 小火

小火（图 7–3）也称文火。此火火焰较小，火苗在炉口与燃料层间时起时伏，呈青绿色，火光暗淡，火力偏弱，主要适用于炖、焖、烩等烹饪方法。

4. 微火

微火（图 7–4）又称焐火、慢火。火焰仅在燃料层表面闪烁，火光暗淡，呈暗红色，热力较小，一般用于加工酥烂入味的菜肴，以及对一些干货原料如海参、蹄筋等的涨发，同时也可以对一些已成熟的菜肴进行保温，调节上菜时间。

图 7–3 小火

图 7–4 微火

随着社会的发展，电磁能、远红外线、微波能等已逐渐普及，用上述观察方法难以鉴别，它们主要依靠辐射和微波的强弱来划分。不管使用什么热能，核心是了解温度等级差别，这在烹制过程中有目的地使菜品生成特定的脆、嫩、香、酥等口感，具有十分重要的意义。

二、烹饪用的热源与烹调过程中的热传导方式

1. 烹制时的热源

热源，即热能的来源，通常指能够燃烧并发出热量的物体，也包括一些可以转变为热能的其他能量。它们是烹调加热的基础。烹调加工中根据所使用的热源在一般情况下存在状态和载热形式的不同，可以分为固态热源、液态热源、气态热源和能态热源四种类型。

1）固态热源，即在常温、常压下以固体状态存在的燃料，如柴草、木炭、煤等。

2）液态热源，即在常温、常压下以液体状态存在的燃料，如柴油、汽油、煤油、酒精等。

3）气态热源，即在常温、常压下以气体状态存在的燃料，如液化石油气、煤气、沼气等。

4）能态热源，它不是燃料，而是在一定条件下能够转变为热能的其他能量。烹制中最常用的是电能，使用方便，工作时无污染，易于恒温控制。

2. 烹制过程中的传热方式

烹调过程大多采用传热能力强、保温性能好的厨具。将热传递给原料的基本方式主要有传导、对流、辐射三种。

（1）传导

依靠物体内自由电子的运动或分子、原子的振动，使热量从高温部分传给低温部分的传热方式，称为热传导，简称导热。

（2）对流

以流体质点的移动，将热量由流体中某一处传至另一处的传热方式，称为对流传热，简称对流。主要是以液体或气体作为传热介质，在循环流动中，将热量传递给原料。

（3）辐射

热源沿直线将热量向周围发散出去，使物体受热的方式，称为热辐射。物体的温度越高，辐射的能力越强。烹调中热辐射的方式，主要是电磁波。电磁波是辐射能的载体，被烹饪原料吸收时，所运载的能量便会转变为热能，对烹饪原料进行加热并使之成熟。

三、火候的要素

如果把火候看作烹制中原料在一定时间内发生适度变化所需要吸收的热量，那么就可以

认为热源火力、热媒温度和加热时间是构成火候的三个必需的要素。

1. 热源火力

火力在这里不是单纯地指“火焰烈度”，而是指燃料燃烧时在炉口或加热方向上的热流量，也包括电能在单位时间内转化为热能的多少。燃烧火力的大小受着燃料的固有品质、燃烧状况、火焰温度，以及传热面积、传热距离等因素的影响。在燃料种类和炉灶构成不变的情况下，可以用改变单位时间内燃料燃烧的办法来调整燃烧状况、火焰温度、传热面积、传热距离等，以改变火力的大小。电能“火力”的大小主要由加热设备所控制，可以通过设备上的调控部件来调节。

2. 热媒温度

热媒温度也可称加热温度，在这里特指烹制时原料受热环境的冷热程度，它是火候的一个不可缺少的要素。烹调的实践告诉我们，热源释放的能量必须通过热媒的载运才能直接或转换后作用于原料。要使原料在一定的时间内获取足够的热量，发生适度的变化，一般要求热媒必须具有适当高的温度。例如，炒韭菜，要求在火候上保证菜肴的口感软嫩、色泽绿亮，单凭热源火力和加热时间的组合是绝对不行的，还必须考虑原料在下锅之前锅内热度够不够高。冷锅就下料，火力再大（在烹调可能的范围内），短时间加热或适当延长加热时间，都难以达到预期的效果。由此可见，缺少了热媒温度这一要素，火候将难以成其为火候。用微波加热时，该要素不再是热媒温度了，而是微波所载电子能的多少，这只是一个特例。

3. 加热时间

加热时间是指原料在烹制过程中受热能或其他能量作用的时间长短，它是一个早已为人所重视的火候要素。热媒温度的高低，能够决定热媒与原料之间传热时热流量的大小，而不能确定原料吸收热量的多少。

热源火力、热媒温度和加热时间三个要素，在火候中总是相互作用，协调配合，改变其中任何一个要素，都会对火候的功效带来较大的影响。

四、影响火候的因素

在烹调过程中，调节火候的方法主要有烹调器具移位法，主火、副火换位法，能源开关控制法。

1. 烹调器具移位法

在烹调时，可通过移动锅的位置，增加或减少锅的受热面积，改变其受热范围，从而起到调节火候的目的。

2. 主火、副火换位法

一些炉灶拥有主火和副火装置，主火火力大，副火火力小，在烹调过程中，可根据烹制菜肴的实际需要，采取双锅、双火交替使用的方法调节火候。这种调节方法的优点是可以合理分配时间，提高工作效率。

3. 能源开关控制法

现代化烹调设备可以通过调节开关来控制火力的大小、热源的开启和关闭，从而实现火候的调节。

五、掌握火候的一般准则

在烹制菜肴的过程中，对于火候的掌控不能一成不变，应根据原料性状、口感要求、加热介质和烹调方法等条件的不同掌握火候，如表 7–1 所示。

表 7–1 掌握火候的一般准则

不同条件		火力	加热时间
原料性状	质老或形大	小	长
	质嫩或形小	旺	短
口感要求	脆嫩	旺	短
	酥烂	小	长
加热介质	水	中、小（旺）	长（短）
	油	旺（中、小）	短（长）
	蒸汽	旺—中	长
烹调方法	焖、炖	旺—小—旺	长
	扒、烧、蒸	旺—中—旺	长
	炸	旺	较短
	爆、炒、熘	旺	短

实训7–1 火力观测与感受

火力是燃料燃烧烈度的反映，一定的火力会形成一定的温度，也会出现一定特征的变化现象，如火的亮度、颜色、火苗动态、热感等，因此，对火力的观测应根据火的变化进行。

1. 实训流程

点火→观测→记录→比较→确定火力类型。

2. 操作步骤

1）划分火力的温度范围。按照旺火、中火、小火、微火四个传统等级，确定其大致范围，以作为观测火力的尺度。

2）按等级观测火力现象。即先将炉灶煤火调至小火的范围，详细观察火的亮度、颜色、火苗状态和人靠近（或用手）时的热感，待对火力现象有较深印象后，按上述方法，逐步升高火力，感受微火、小火、中火、大火的温度范围，分别观察它们的现象并记录。

3）选择炉火观测。任意选择一种炉火，在观察其现象的基础上判定火力等级，然后用测温表测定具体的温度，与所判定的火力等级规定的温度范围相比，计算出误差（一般不超过 20℃）。此法一般进行 2 ~ 3 次，使观测的温度达到要求。

3. 交流与反思

1）如何能恰如其分地判断炉火的温度？

2）不同类型的火力适合什么样的菜肴制作？各举三例。

4. 实训考核（表 7–2）

表 7–2　火力观测与感受实训考核

项目	火焰特征	火的亮度	火光颜色	火焰热感	温度误差	火力等级	合计
标准分	25	25	15	10	10	15	100
扣分							
实际得分							

任务二　菜肴的调味

【知识目标】

1. 掌握基本味和复合味的区别。
2. 掌握调味的方式和方法。

【能力目标】

1. 会运用味的对比、相乘、转化和消杀进行调味。
2. 能在菜肴的烹调过程中进行调味。

【素养目标】

1. 具有终身学习意识，查阅盐、糖、酱油和醋的应用。
2. 具备同理心，不用调味技巧烹制腐败变质原料。

五味调和，首先是为了味美。味是菜肴的灵魂，如何调味是构成各种地方风味乃至菜系的主要因素之一，调味的好坏也就成为决定一道菜肴制作成败的关键之一。

所谓调味，简而言之，就是对菜肴调和滋味。具体地讲，就是采用各种调料和调味方式、方法，在菜肴烹制的不同时机影响原料，使菜肴具有多种味道和风味特色的技法。

如果“味”的目的是使原料鲜美，那么“调”的目的就是去腥膻，解油腻，调整原料的本味，形成菜肴的味道，调整菜肴的色泽。

一、味的分类

味也称滋味、味道，是呈味物质刺激人的味蕾所产生的感觉。菜肴的味是由调料和原料中的呈味物质混合而成的，可分为基本味和混合味两种类型。

（一）基本味

基本味是指咸、甜、酸、苦、辣、鲜、香、麻等单一的滋味。

1）咸。咸味是调味中的主味，大部分菜肴中有咸味，呈咸味的调料有精盐和酱油等（图 7–5）。

（a）精盐

（b）酱油

图 7-5 咸味调料

2）甜。甜味在调味中的作用仅次于咸味，具有缓和其他滋味、增加鲜味的作用，呈甜味的调料有白糖、冰糖、蜂蜜等（图 7-6）。

（a）白糖

（b）冰糖

（c）蜂蜜

图 7-6 甜味调料

3）酸。酸味具有较强的去腥解腻作用，在烹制禽畜内脏和水产品时，应用得较多，呈酸味的调料有醋、番茄酱、酸梅等（图 7-7）。

（a）醋

（b）番茄酱

（c）酸梅

图 7-7 酸味调料

4）苦。苦味具有消除异味的作用，可形成清香爽口的风味，呈苦味的调料有杏仁、陈皮等（图 7-8）。

（a）杏仁

（b）陈皮

图 7-8 苦味调料

5）辣。辣味具有强烈的刺激性，可增进食欲、除腥解腻，呈辣味的调料有辣椒粉、胡椒粉、芥末等（图 7–9）。

（a）辣椒粉

（b）胡椒粉

（c）芥末

图 7–9 辣味调料

6）鲜。鲜味可使菜肴鲜美可口，呈鲜味的调料有味精、鸡精、高汤等（图 7–10）。

（a）味精

（b）鸡精

（c）高汤

图 7–10 鲜味调料

7）香。香味可使菜肴散发芳香气味，具有刺激食欲、除腥解腻的作用，呈香味的调料有大料、香叶、芝麻等（图 7–11）。

（a）大料

（b）香叶

（c）芝麻

图 7–11 香味调料

8）麻。麻味具有去除异味、刺激食欲的作用，呈麻味的调料有花椒（图 7–12）。

图 7–12 花椒

（二）复合味

复合味是指用两种或两种以上呈味物质调制出的具有综合味道的滋味。

1. 常见冷菜复合味型

（1）咸鲜味

特点： 咸味适度，突出鲜味，咸鲜清香。

制法： 主要由精盐或酱油等呈现咸味的调料和味精或鲜汤等呈现鲜味的调料调制而成。

（2）红油味

特点： 色泽红亮，咸里略甜，辣中有鲜，鲜上加香，四季皆宜。

制法： 由酱油、精盐、白糖、味精调匀溶化后，加入红油（辣椒油）、香油调匀而成。红油味一般用于凉拌菜肴，或与其他复合味配合用于下酒佐饭菜肴的调味。

（3）姜汁味

特点： 姜味浓郁，咸中带酸，清爽不腻。

制法： 将老姜洗净去皮切成极细末，加工成蓉泥后再与精盐、醋、味精、香油调和而成。姜汁味多用于凉拌菜肴，最宜在春末、夏季、秋初用于下酒菜肴的调味。

（4）蒜泥味

特点： 蒜味浓，咸味鲜，香辣中微带甜。

制法： 由酱油、精盐调匀后加入味精、蒜泥、红油、香油调匀而成。蒜泥味多用于春夏季凉拌菜肴，佐饭最宜。因大蒜素易挥发，应现吃现调。

（5）椒麻味

特点： 咸麻鲜香，味性不烈，刺激性小。

制法： 由精盐、花椒末、酱油、味精、香油充分调匀而成。常用于凉拌菜肴，四季皆宜。

（6）白油味

特点： 清淡适口，鲜香醇厚，四季均宜。

制法： 由香油、味精、酱油充分调匀而成，可拌入菜肴或淋入菜肴内使用，适宜拌鲜味较好的原料，如鸡、肉等。最宜与糖醋味、麻辣味、豆瓣味配合，但不可与五香味、麻酱味合用。

（7）芥末味

特点： 咸、酸、鲜、香、冲，清爽解腻。

制法： 调制时先将精盐、酱油、醋、味精调匀，再加入现调制的芥末糊调匀，淋入香油即成。芥末味最宜在春、夏两季食用，尤以调制下酒菜肴最善，与其他复合味型配合均较适宜。

（8）麻酱味

特点： 咸鲜可口，香味自然。

制法： 由精盐、酱油、味精、芝麻酱调匀而成。多用于本味鲜美的原料，四季皆宜，尤以作下酒菜肴的调味最佳。所用的芝麻酱以自制的为好，其制法是：先将芝麻淘净，炒至微黄，碾细，用七成热菜油烫出香味即可。

（9）麻辣味

特点：麻辣咸香，味厚不腻，四季皆宜。

制法：由精盐、白糖、酱油、红油、香油、花椒面调匀而成。此味性烈而浓厚，多用于凉拌菜肴。此外，还可与其他复合味型配合使用，与糖醋味、咸鲜味配合效果最佳。

（10）鱼香味

特点：色泽红亮，辣而不燥，咸酸甜辣兼备，姜葱蒜味突出。

制法：调制时先将精盐、白糖、味精放入酱油、醋内充分溶化，呈咸酸甜鲜的味感时，再加入泡红辣椒末、姜末、蒜末、葱花搅匀，然后放入辣椒油、香油调匀即成。

（11）糖醋味

特点：甜酸并重，清爽醇厚。

制法：调制时先将精盐、白糖在酱油、醋中充分溶化后，再加入香油调匀即成。

（12）酸辣味

特点：香辣咸酸、鲜美可口。

制法：调制时先将酱油、醋、精盐充分调匀，再加入红油、香油调匀即成。

（13）怪味

特点：咸、甜、麻、辣、鲜、香、酸各味皆具，风味别具一格。

制法：调制时先将白糖、精盐在酱油、醋内溶化后，再与味精、香油、花椒面、芝麻酱、红油、熟芝麻充分调匀即成。怪味一般用于下酒菜肴的调味，是四季皆宜的复合味型。

2. 常见热菜复合味型

（1）鱼香味

特点：鱼香味系川菜的特殊风味，具有咸、甜、酸、辣、香、鲜味，且姜、葱、蒜的香味突出。

制法一：烹调时，原料先用精盐腌制入味，另将酱油、葱末、白糖、醋、味精兑成味汁；锅内用混合油烧至七成热时投入原料，炒散后加入泡红辣椒末、姜末、蒜末炒香上色，原料断生时烹入味汁，收汁淋明油起锅。此味四季皆宜，适合烹制下酒佐饭的菜肴。

制法二：烹调时，先将酱油、白糖、醋、葱末、味精兑成味汁；锅内混合油烧至七成热，投入事先腌制好的原料，炒散后，加入郫县豆瓣酱炒香上色，再加入姜末、蒜末炒出香味。原料断生时，烹入味汁，收汁淋明油起锅。

在烹调鱼香味时，不论郫县豆瓣酱还是泡红辣椒，都应炒香上色，姜末、葱末、蒜末也要炒香再加入味汁，否则将影响鱼香味的味质。

（2）糖醋味

特点：甜酸味浓，鲜香可口。

制法一：烹调时，原料先加精盐、料酒腌制入味，再放入油锅炸至外酥内嫩时起锅入盘，然后控油备用。锅加混合油烧至六成热时，加入姜末、葱末、蒜末稍炒，烹入酱油、白糖、味精、醋兑成的味汁，用流芡稍收汁，味调好后，起锅淋于炸好的原料上即可。糖醋味一般适用于炸、熘菜肴，如糖醋脆皮鱼、糖醋里脊等，有除腥除腻的作用，是四季皆宜，作下酒菜肴的调味最佳。

制法二：烹调时，原料先用精盐、料酒、姜片、葱段、花椒、酱油码味，待其浸渍入味后，上笼蒸至熟（也可直接入锅），再下油锅炸至外酥内熟时，捞起，挑出葱段、姜片、花椒不用。锅内加适量油，倒入原料，掺鲜汤适量，再加入适量的酱油（以咸味恰当为准）、醋（主要用以提鲜），收汁前加入白糖（亦可用红糖）、醋，待糖醋味正后收汁起锅，稍晾凉，撒上熟芝麻即可。此味适合于炸制的菜肴，如糖醋排骨等。

（3）荔枝味

特点：味微咸，甜酸味如荔枝。

制法：荔枝味的原料和调制方法，基本与糖醋味相同，只在甜酸程度有所区别：糖醋味突出甜酸，而咸味微弱；荔枝味则是甜酸味和咸味并重，其他调料与糖醋味的用法基本相同。在实际运用中，根据菜肴要求甜酸味可轻可重，如锅巴肉片的甜酸味可重些，荔枝腰块的甜酸味较轻。

（4）麻辣味

特点：咸、香、麻、辣、烫、鲜各味皆备。

制法：烹调时，先将豆豉剁蓉、辣椒面炒香上色，掺入鲜汤，放入原料，烧沸入味后，放入白酱油、味精、蒜苗段，收汁浓味起锅，撒以花椒面即成。此味常用于麻婆豆腐等菜肴的调味。在烹制中，如佐以牛肉或猪肉碎粒与鲜汤提味则效果更好。此味虽性烈而浓厚，但麻辣有味，香鲜俱全，适合四季下酒佐饭菜肴的调味。

（5）煳辣味

特点：麻辣而不燥，鲜香醇厚。

制法：烹调时，先将原料用精盐、酱油腌制入味，另将酱油、蒜末、姜末、葱末、白糖、醋、料酒兑成味汁。炒锅内加油烧到六成热时，投入辣椒、花椒炸至金黄色（不能炸焦），加入原料炒至断生，烹入兑好的味汁，收汁淋明油起锅即成。此味一般用于宫保鸡丁等类菜肴的调味。煳辣味风味独特，是四季皆宜、下酒佐饭均可的复合味。

（6）咸鲜味

烹调中应用广泛，按菜肴不同，其制法有以下三种：

1）盐水咸鲜味。

特点：咸中有鲜，鲜中有味，清香可口。

制法：烹调时，将葱打结、姜拍破与洗净的原料（以鸡为例）投入水中，汆去血腥味捞出，趁热抹上料酒、精盐放入蒸盆，再加入胡椒粉、花椒、姜片、葱段、鸡汤入笼蒸至八成熟，取出用湿纱布盖好晾凉，然后斩块装盘。另将蒸鸡原汁倒出，加味精、香油调匀。食用时淋于鸡块上即成。此味一般用于本味鲜美的原料（如鸡、鸭等），以在夏季下酒菜肴为好。注意在烹制过程中，不能感染其他异味。原汁内，应将杂质如花椒、姜、葱等除去，以免影响菜肴的外观。

2）白油咸鲜味。

特点：咸鲜可口，清香宜人。

制法：烹调时先将原料用精盐、料酒腌制，使其有一定的咸味基础。另将精盐、味精、胡椒末、姜末、葱末、蒜末兑成味汁。若用于“炒”时，锅内倒入油，烧至五六成热，放入原料，滑散，断生后烹入味汁，收汁淋明油起锅即可。若用于“熘”时，油要烧至三四成热；用于“爆”时，则烧至七八成热方加入原料。此味一般用于炒、熘、爆的菜肴，如熘肉丝、白油肉片、熘鸡丝、火爆肚头等菜肴的调味，四季皆宜，尤以夏季最佳。

3）本味咸鲜味。

特点：咸鲜清淡，突出本味。

制法：烹调时在恰当时机适量加入精盐、味精充分调和即可。应突出原料自身的鲜美味，调味品只起辅助作用。精盐、味精用量要配合得当，以食用时有味感为宜。此味一般用于各种㸆、贴、清汤、奶汤菜肴及白汁咸鲜菜肴等的调味。味极清淡平和，四季适合，尤以夏季运用最宜。因味清淡鲜香，应注意不能沾染异味，所使用的调料均应选用上品，菜肴原料以质地细嫩、本味鲜美原料为宜。

（7）咸甜味

特点：咸甜鲜香，醇厚爽口。

制法：烹调时，先将原料入锅烧沸，撇尽浮沫，放入糖色、料酒、姜、葱和微量的精盐，使之微带咸味；烧至即将成熟时放入冰糖并再次放入精盐，用量以咸甜味兼具，味正为准。收汁浓味后，将起锅时，挑出姜、葱，加味精搅匀起锅即成。此味一般用于烧菜类调味。

（8）家常味

特点：咸辣兼备，味美醇鲜。

制法：烹调时，一般是将油倒入锅内烧至六成热，放入原料炒散，加入微量精盐，炒干水气，加入郫县豆瓣酱、豆豉炒香上色，放入蒜苗炒出香味，加入适量酱油，搅匀起锅即成。此味一般用于生爆盐煎肉、熊掌豆腐、回锅肉、小煎鸡等菜肴的调味，四季皆宜。

（9）豆瓣味

特点：豆瓣味醇厚、可口。

制法：烹调时，先将郫县豆瓣酱剁细炒至酥香，加入姜末、葱末、蒜末、醋（适量）、料酒、白糖、酱油，掺入鲜汤，待收汁味浓后，再加入醋、味精、葱末，味正后，淋于经清炸后或煮熟的菜肴上即成。此味一般用于豆瓣鲜鱼、豆瓣肘子等菜肴的调味，是四季皆宜的复合味。

（10）酸辣味

特点：咸酸鲜辣，清香醇正。

制法：烹调时，炒锅内油烧至五成热，先放入肉粒炒酥香，再加其他原料炒一下，掺入鲜汤，加入精盐、料酒、姜末、胡椒粉烧沸出味，用湿淀粉勾薄芡，放入酱油、醋、味精、葱末，味正后盛入碗内，淋适量香油即成。此味一般用于酸辣蹄筋、酸辣蛋花汤、酸辣虾羹汤、酸辣海参等菜肴。

（11）咖喱味

特点：成品色泽金黄，香辣适口。

制法：以咖喱粉为主要调料，制作时先用油将葱段、姜片炸至金黄捞出，再加蒜末炒出香味后加入咖喱粉翻炒，至炒透有香味溢出即可。翻炒时油温不可过高，避免煳底，导致变色变味。此味主要用于咖喱牛肉、咖啡土豆等菜肴的制作。

（12）五香味

特点：香味浓郁。

制法：用料为五香、芫荽、花椒、桂皮、陈皮、草果、良姜、山楂、生姜、葱、酱油、盐、绍酒、鲜汤，将以上调料加汤煮沸，再将主料加入煮浸到烂。此味用于制作荤性原料，如五香龙虾、五香兔肉煲等。

（13）陈皮味

特点：陈皮芳香、麻辣味厚、略有回甜。

制法：由陈皮、精盐、酱油、醋、花椒、干辣椒段、姜末、葱末、白糖、红油、醪糟汁、味精、香油调制而成。此味一般用于陈皮兔、陈皮牛肉等菜肴的制作。

二、调味的方法

调味的方法是指在烹调加工中使烹饪原料入味（包括附味）的方法。按烹调加工中入味的方式不同，调味一般可分为以下几种方法：

1. 腌渍调味法

腌渍调味法是指将调料与菜肴的主、配料调和均匀，或将菜肴的主、配料浸泡在溶有调料的溶液中，经过腌渍一段时间使菜肴主、配料入味的调味方法。如制作炸类菜肴时，烹饪原料在加热前一般需要进行腌渍调味，以达到入味的目的。

2. 分散调味法

分散调味法是指将调料溶解并分散于汤汁中的调味方法。如制作丸子类菜肴时，调制肉馅通常采取分散调味法，以使调料均匀分散在原料中，从而达到调味的目的。

3. 热渗调味法

热渗调味法是指在热力的作用下，使调料中的呈味物质渗入菜肴的主、配料的调味方法。此法是在上述两种方法的基础上进行的，一般在烧、烩、蒸等烹调方法中应用。如制作烧类菜肴时，均需要进行热渗调味法。烹调时一般采用小火、长时间加热的方法，目的是使汤汁中调料的呈味物质由表及里地渗透至烹饪原料的内部，使之起到入味的作用，从而使原料入味表里如一、味道鲜美。

4. 裹浇、黏撒调味法

裹浇、黏撒调味法就是将液体（或固体）状态的调料黏附于烹饪原料表面，使之带有滋味的调味方法。裹浇调味法在调味的不同阶段均有应用。如冷菜“怪味鸡”是在原料加热后将味汁浇在原料的体表进行调味的；热菜“糖醋脆皮鱼”也是采用此法。黏撒调味法则是在原料加热前或原料加热后进行调味的。如“糖拌西红柿”是将改刀后的西红柿装盘后，撒上白糖进行调味。

5. 随味碟调味法

随味碟调味法是将调料装置在小碟或小碗中，随成品菜肴一起上席，供用餐者蘸而食之的调味方法。这种方法在冷菜、热菜中均有应用。如炸类菜肴的原料经烹调后，均需要进行调味，一般采用的都是随味碟调味法，进行调味的味型应视菜肴的要求及进餐者的需求而定。随味碟调料由进餐者有选择地自行佐食。

三、调味的方式

调味方式又称调味手段，将调味品中的呈味物质有机地结合起来，去影响烹饪原料中的呈味物质便是调味的方式。具体是根据菜肴口味的特点要求，针对菜肴所用原料中呈味物质的特点，选择合适的调料，并按一定比例将这些调料组合起来对菜肴进行调味，使菜肴的味道得以形成和确定。

常用的基本调味方式有味的对比、味的相乘、味的转化、味的消杀等。

1. 味的对比

味的对比又称味的突出，是将两种以上不同味道的呈味物质，按悬殊比例混合使用调和在一起，导致量大的那种呈味物质味道更加突出的调味方式。例如，用少量的盐提高鲜味，提高糖液甜度。试验证明，在 15% 的蔗糖溶液中加入 0.017% 的食盐，结果这种糖盐混合液比 15% 的纯蔗糖溶液更甜。

2. 味的相乘

味的相乘又称味的相加，是将两种或两种以上同一味道的呈味物质混合使用，导致这种味道进一步加强的调味方式。鸡精与味精混合使用可使鲜度增大，更加鲜醇。此法主要是在需要提高原料中某一主味或需要为原料补味时使用。

3. 味的转化

味的转化又称味的改变或味的变调，是将两种或两种以上味道不同的呈味物质以适当的比例调和在一起，导致各种呈味物质的本味均发生转变而生成另一种复合味道的调味方式，正所谓“五味调和百味香”。

4. 味的消杀

味的消杀又称味的掩盖或味的相抵，是将两种或两种以上不同的呈味物质，按一定比例混合使用，使各种呈味物质的味均减弱的调味方式。使用多种调味品综合达到味道适宜，如口味过咸或过酸，适当加些糖，可使咸味或酸味有所减轻，且食不出甜味；利用某些调味品中挥发性呈味物质掩盖，如生姜中的姜酮、姜酚、姜醇，肉桂中的桂皮醛，葱、蒜中的二硫化物，料酒中的乙醇和食醋中的乙酸等；利用某些调料中的化学元素消杀，如鱼体内的氧化三甲胺，是呈鲜的主要物质，但是鱼死后这种物质在酶和细菌的作用下逐渐还原为有较强腥臭味的三甲胺，对菜肴味道影响很大，经过分析，三甲胺属碱性，溶于乙醇，可以通过加醋和料酒来中和及溶解，因此，烹鱼时加醋和料酒等，不仅能产生酯化反应形成香气，而且会消杀鱼中的腥味。

四、调味的过程

调味过程按菜肴的制作工序可划分为三个阶段，即原料加热前的调味、原料加热中的调味、原料加热后的调味。不同的菜肴在调味时每个阶段的作用和调味方法都是不同的。

1. 原料加热前的调味

原料加热前的调味属于基本调味，是指原料在正式加热前，用调料采用腌制等方法对其调味。此阶段调味的主要目的是使烹饪原料在正式烹调前就具有基本的味型（也称为底味、底口），同时能改善烹饪原料的气味、色泽、质地及持水性。加热前调味一般适用于炸、煎、烧、炒、熘、爆等烹调方法制作的菜肴。由于制作菜肴的品种、要求的不同及原料质地、形状的差异，在调味时应恰当投放调料，并根据原料的质地合理安排腌制时间。

2. 原料加热中的调味

原料加热中的调味属于定型调味，是指原料在加热过程中，根据菜肴的要求，按照时序，采用热渗、分散等调味方法，将调料放入加热容器（煸锅、炒勺、蒸锅）中，对原料进行调味。其目的主要是使所用的各种原料（主料、配料、调料）的味道融合在一起，并且相互配合、协调一致，从而确定菜肴的味型。原料加热中的调味一般适用于烧、蒸、煮等烹调方法制作的菜肴。由于原料加热中的调味是定型调味，是基本调味的继续，对菜肴成品的味型起着决定性的作用，所以，调味时应注意调味的时序，把握好调料的数量。

3. 原料加热后的调味

原料加热后的调味属于补充调味，是指原料加热结束后，根据菜肴的需求，在菜肴出勺

（起锅）后，采用裹浇、跟味碟等方法进行补充调味。其目的是补充前两个阶段调味的不足，使菜肴成品的滋味更加完美。其一般适用于炸、熘、烤、涮等烹调方法制作的菜肴，调味时应根据菜肴成品的要求，采用不同的调料进行必要的补充调味。

上述三个阶段的调味是紧密联系在一起的调味过程，它们之间相互联系、相互影响、互为基础，其主要目的是保证菜肴获得理想的滋味。

重复调味就是在制作同一个菜肴的全过程中，调味分几个阶段进行，以突出菜肴的风味特色，重复调味也称为多次性调味。而有一些菜肴的调味，在某一个阶段就能彻底完成，称为一次性调味。

五、调味的作用

1. 渗透入味，使原料具有基本味

原料在烹制前经精盐等调味品入味后，使调味品中的咸味、香鲜味渗透入原料，增加菜肴的滋味，使之回味悠长，不致产生初入口有味、越嚼越乏味的现象。

2. 可以除去异味、增进美味

家畜类、动物内脏、水产品等，大多有较浓的腥、膻、臊等不良气味，可利用葱、姜、料酒去除这些不良气味；自身无味的原料，如豆腐、涨发后的干制原料等，必须与调料或与具有呈味物质的原料共同调配；调味还可使单一味型复合成鲜美可口的复合味型。原料经过调味，在精盐、料酒、姜、葱、花椒、酱油等调料的作用下，能在一定程度上解除腥、膻、臊、涩等异味，增加鲜香味。

3. 可使菜肴形成风味

菜肴的口味主要靠调味来决定，通过调味才能形成不同味道的成品菜肴。

4. 保持原料的细嫩鲜脆

肉类原料经过调味，在精盐作用下，能提高肉类原料的持水力，使原料在烹制成菜后能获得良好的细嫩质感；蔬菜类原料，在精盐的渗透压作用下，能析出过多水分，使其易于吸收其他调味品，并使成菜细嫩鲜脆。

六、调味的原则

1. 选择适合的调料调味

原料好而调料不佳或调料投放不当，都将影响菜肴风味，选用适合的调料调味，就是烹制什么地方的菜肴，应当用该地的著名调料。例如，川菜中的水煮肉片，要用四川的郫县豆瓣酱和汉原花椒，这样做出来的菜肴味道才正宗。

2. 按照菜肴风味要求准确调味

各地菜肴风味均不相同，在调制菜肴的口味时应视菜肴风味的要求，做到准确调味。由于各地菜肴风味、烹调方法各异，因此应根据菜肴成菜的质量标准，做到投料准确适时，实现投料规格化、标准化，做到同一类菜肴重复制作多次，其味能基本保持一致。如果是传统菜肴，如四川的宫保鸡丁、广东的蚝油牛肉、山东的九转大肠、江苏的拆烩鲢鱼头、北京的烤鸭等，经众多厨师千万次烹制已成精品，口味也已有较明确的界定，因此调味要一丝不苟，保持特色，在调味品的选择、投放数量、入锅的先后顺序上，都要严格执行固有的模式，使各种传统菜作为一种文化遗产较好地保存下来。如果是创新菜，在口味上没有旧模式的束缚，因此，要对现代烹饪所用原料、菜肴所适合的季节、菜肴消费的对象作综合分析，在分析的基础上确定菜肴的味道，并选择合适的调味方式，以适口宜人为原则。

3. 根据烹饪原料的不同质地进行调味

在烹调中对不同性质的烹饪原料，要做到因材施用。由于烹饪原料质地及菜肴成品的质量要求不同，在调味时要结合烹饪原料的特性和成菜标准合理调味。

（1）新鲜的原料要突出原料的本味，不宜以调料掩盖其本味

在烹调原料中，有很大一部分原料自身具有较好的气味和滋味，如新鲜的蔬菜、水果、畜肉、水产品等。针对这样的原料，调味的原则是突出原料的本味，调味的手段应该是对比方式，以清淡的咸味突出本味。这类原料在调味时不宜太咸、太甜、太酸、太辣。新鲜的螃蟹以盐水煮或蒸味道最好就是这个道理。如果调味品的味道太重，会掩盖原料的气味和滋味，从而破坏原料的自然味道。

（2）带有异味的原料，要酌加调料以去除其不良的味道

对于那些原料自身不佳的气味和滋味，如某些蔬菜的苦涩味、不新鲜水产品的腥臭味、牛羊肉的膻味、脏腑的脏气味等，调味的原则是掩盖或转化原料的本味，调味时要重一些，多用葱、姜、蒜、食醋、料酒、花椒、桂皮等含挥发性物质多的原料。

（3）无显著本味的烹饪原料，以调料辅助其鲜味的不足

干货原料中的海参、燕菜、蹄筋、鱼肚、菌类，以及茭白、白菜、鲜笋等蔬菜，本身无太大味道，可塑性又很强，调味的原则是为原料补充味道。

4. 根据不同的季节因时调味

随着季节的变化，人们的口味也随之改变。因此，在调味时要在保证菜肴风味特色的前提下，根据不同的季节来调剂菜肴的口味。特别是设计整桌的宴席时，更要考虑所处季节的特点，根据季节的特点来设计宴席菜肴的口味。由于季节的不同，对菜肴味道的要求也有差别：春季宜多食酸；夏季宜多食苦；秋季宜多食辛；冬季宜多食咸。设计宴席菜单时一般可根据不同季节的特点，因时调剂菜肴的口味。气温较高时，口味一般以清淡为宜；寒冷季节，口味则以味道浓厚为主。由于调味品的使用会对菜肴的色泽产生一定影响，而菜肴色泽也需

随季节而变，因此，春夏之季，菜肴应以冷色为主，如绿色、白色、无色、浅黄色等，秋冬之季，菜肴应以暖色为主，如金黄色、红色、褐色、火红色等。

5. 按照进餐者口味的要求进行调味

进餐者的风俗、饮食习惯、个人嗜好、性别、年龄、职业的不同，在调味时应根据进餐者的口味要求，做到因人而异、合理调味，以满足他们的不同需求。人的口味随地方、气候和生活习惯不同而有差异，如粤菜清淡鲜香，川菜味厚麻辣，鲁菜味重清鲜，淮扬菜味浓略甜。地区、物产以及生活习惯等，影响着人们的口味和爱好，如北方人多喜食咸味的菜肴，山西人多喜食酸味菜肴，四川、湖南、山东等地多数人喜爱吃带辣味的食品，因此，在调味时必须根据各地就餐者不同口味的要求进行调味。烹调时，在保持地方菜肴风味特点的前提下，还要注意就餐者的不同口味，做到因人做菜，正所谓“食无定味，适口者珍”。

实训7-2 调味与感受

味是菜肴最直接的感官之一，是评价菜肴的关键因素。通过对基本味的体验，调制复合味。

1. 实训流程

体验基本味→记录→比较→调制复合味。

2. 操作步骤

1）把基本味道的调味品收集到一起。

2）用舌头体验鲜、咸、酸、甜、苦、辣、麻，每次体验完毕需要用清水漱口；用嗅觉体验香气。

3）根据教学内容，查找资料，自己调制酸甜、酸咸、甜咸味，感受不同配比的区别。

3. 交流与反思

1）人体对每种味道有什么反应？

2）复合味的调制要遵循哪些原则？

4. 实训考核（表 7-3）

表 7-3 调味与感受实训考核

项目	体验步骤	调味品种类	配比汤水和调味品量	口味符合要求	色泽符合要求	卫生程度	合计
标准分	10	25	15	25	10	15	100
扣分							
实际得分							

项目八　菜肴装盘工艺

任务一 菜肴的盛装器皿与装盘方法

【知识目标】

1. 掌握菜肴盛器的种类。
2. 掌握菜肴与盛器的搭配原则。

【能力目标】

1. 会运用拉入法、覆盖法装盘。
2. 会运用拖入法和扣入法装盘。

【素养目标】

1. 具有终身学习意识，查阅菜肴盛器的更多资料。
2. 刻苦努力，查找装盘的手法。

菜肴的装盘就是将成熟的菜肴装入盛器的过程。下面分别介绍菜肴装盘的基本要求、菜肴与盛器的搭配原则，以及菜肴的装盘方法。

一、菜肴装盘的基本要求

装盘对于菜肴的品质具有很大影响。将菜肴装盘时，应符合以下要求：

1. 注意操作卫生

将菜肴装盘时，应使用消毒过的盛器，应防止锅底污物污染盛器，滴在盛器边缘的汤汁应使用消毒洁布擦拭干净。菜肴需要改刀时，应由专人操作，制作好的菜肴不能随意用手接触。汤菜不宜盛得过满，以防端菜时，手指接触汤汁。

2. 动作协调敏捷

将菜肴装盘时，动作应熟练协调、准确快捷，尽量缩短装盘时间，避免装盘时间过长，导致菜肴的色、香、味、形发生变化，影响菜肴的品质。

3. 丰润整齐，突出主料

将菜肴装盘时，菜肴应叠放得圆润饱满，整齐匀称。对于有主料、辅料之别的菜肴，应将主料摆放在显著的位置。

4. 形色美观

将菜肴装盘时，应注意菜肴形和色的和谐美观，如将原料在盘中排列成恰当的形状。若是整鸡、整鸭等原料，应以其自然形态摆放，或者将其腹部向上，以突显其丰满的肌肉；若是整鱼，单条盛放时应将其腹部的刀口向下，两条盛放时应将其腹部的刀口相对。此外，还应注意菜肴的色彩搭配，应使色彩对比鲜明或和谐统一。

5. 分装均匀

若一锅菜需要分装多份，那么每份的菜量必须大致相等，主料与辅料的比例也应大致相同。此外，对菜肴的分装应尽量一次完成，避免装盘时间过长，影响菜肴的品质。

二、菜肴与盛器的搭配原则

盛器的选择对于菜肴的品质也具有很大影响，恰当的盛器可使菜肴与之搭配得和谐美观、相得益彰。在选择菜肴的盛器时应遵循以下原则：

1. 根据菜肴的类型选择盛器

在盛装菜肴时，应根据菜肴的类型选择盛器。例如，炸、炒、熘、爆等类型的菜肴汤汁较少，一般选用圆盘或腰盘作为盛器（图 8–1 和图 8–2）；煮、烩等类型的菜肴汤汁较多，一般选用窝盘作为盛器（图 8–3）；汤菜一般选用汤碗（图 8–4）或瓷品锅作为盛器；整鸡、整鸭类菜肴一般选用长腰盘作为盛器；用竹笼、汽锅、砂锅等烹制的菜肴，一般不另选盛器。此外，一些特色菜肴还会使用消过毒的动植物外壳作为盛器，如蟹壳、椰壳、西瓜皮等。

图 8–1　圆盘

图 8–2　腰盘

图 8–3 窝盘

图 8–4 汤碗

2. 根据菜肴分量确定盛器的大小

在盛装菜肴时，应根据菜肴的分量确定盛器的大小。若盛器过大，则会显得盛器内部过于空旷，给人不协调的感觉；若盛器过小，则会显得太过局促，且汤汁容易洒出。通常，菜肴盛在盘中，不能装到盘边，更不能覆盖盘边的花纹和图案，汤菜应占盛器的 80% ~ 90%。

3. 根据菜肴色泽确定盛器的色彩

在盛装菜肴时，所选盛器的色彩应与菜肴的色泽相呼应，以达到和谐的美感。例如，一道主色调为绿色的菜肴，若选择白色盛器会显得干净、素雅，使人赏心悦目，但若选择红色盛器，强烈的对比会刺激人的感官，使人产生不适感。

4. 根据菜肴价值确定盛器的档次

在盛装菜肴时，所选盛器的档次应与菜肴的价值相称。若高档菜肴使用低劣盛器，会降低菜肴的身价；若低档菜肴使用高档盛器，会使人感觉华而不实。

三、菜肴的装盘方法

不同类型的菜肴，其形态和特点各不相同，所适合的装盘方法也有所不同。下面分别介绍不同类型菜肴常用的装盘方法。

1. 炒、爆、熘类菜肴的装盘方法

炒、爆、熘类菜肴常使用的装盘方法有拉入法、倒入法和覆盖法。

（1）拉入法

拉入法是在装盘前先翻锅，将形状较完整的原料翻到上面，然后用手勺将菜肴拉入盛器（应以斜线交叉拉入，不宜直拉，否则后面的原料容易倾滑）。这种装盘方法适用于主料形态较小、不勾芡或勾薄芡的菜肴。

（2）倒入法

倒入法是将锅对准盛器，将菜肴均匀地倒入盛器中。这种装盘方法适用于质嫩易碎、芡汁稀薄的菜肴。

（3）覆盖法

覆盖法就是在炒锅中把菜肴翻入手勺，然后用手勺把菜肴盛入盛器中，一层一层覆盖。这种方法适合没有芡汁或者芡汁少的菜肴。

2. 烧、炖、爆、蒸类菜肴的装盘方法

烧、炖、爆、蒸类菜肴常使用的装盘方法有拖入法、盛入法和扣入法。

（1）拖入法

拖入法是在装盘前先将锅内菜肴略加颠掀，并将手勺插入菜肴下方，然后用手勺将菜肴轻轻拖入盛器。这种装盘方法适用于主料形态完整的菜肴。

（2）盛入法

盛入法是使用手勺将锅中的菜肴分次均匀地盛入盛器。这种装盘方法适用于不易散碎的条块状菜肴。

（3）扣入法

扣入法是先将菜肴紧密、有序地排列在碗中，直至与碗边平齐，然后将盛器扣在碗上，再迅速翻扣过来，使菜肴扣入盛器中。这种装盘方法适用于蒸类菜肴。

3. 扒类菜肴的装盘方法

扒类菜肴比较注重造型，装盘技巧性较强。在盛装烧扒类菜肴时，通常采用扒入法，即在装盘前沿锅边淋油，然后轻轻晃锅，使油均匀地渗入菜肴下方，再将锅移至盛器上方，并向盛器倾斜，使锅中的菜肴滑入盛器。在盛装蒸扒类菜肴时，通常采用扣入法。

4. 烧类菜肴和汤菜的装盘方法

烧类菜肴芡薄汁多，在盛装时通常采用溜入法，即将锅靠近盛器（太远容易溅出），然后缓慢地将锅向盛器倾斜，使菜肴溜入盛器内。

汤菜在盛装时，通常采用浇入法，即先将经过热处理的主料整齐地码在盛器内，然后将烧沸的汤汁缓慢地浇入盛器内（要避免冲乱主料），最后在汤汁上进行点缀。

任务二 菜肴装饰

【知识目标】

1. 掌握菜肴装饰的作用。
2. 掌握菜肴盘饰围边的类型。

【能力目标】

1. 会运用点缀手法进行围边造型。
2. 会运用环围式手法进行围边造型。

【素养目标】

1. 具有终身学习意识，查阅菜肴装饰的更多资料。
2. 刻苦努力，掌握围边作品的制作。

一、菜肴装饰的作用

菜肴装饰在整个菜肴的制作过程中属于辅助地位。菜肴在装盘过程中如果装饰和点缀得恰如其分，就会起到画龙点睛、增加动趣、互补平衡、美化菜品、增强食欲、营造情趣、烘托筵席气氛的作用，同时对菜肴色彩、造型、口味给予补充，可使色形俱佳的菜肴锦上添花。

1. 形状上的装饰作用

菜肴装饰可对菜肴的形状、色彩进行弥补，使菜肴更加完美，突出菜肴的整体美，也就是把本来杂乱无章的菜肴，装饰得美观有序。如烩鹅掌，不加花边装饰时，给人以乱蓬蓬的感觉；如围上用鹅掌制成的金鱼，就会显得整齐生动，给人以美感。

2. 色彩上的装饰作用

菜肴装饰可使菜肴与盛器色彩协调。有的菜肴本身色彩单调、暗淡，或者因为盛器平淡而使本来很好的菜肴失去光彩；如能恰当地运用花边技术加以美化装饰，则会收到意想不到的效果。如炒鳝背其色泽暗黑，装在盘里，黑黢黢一堆，没有生气，十分难看；如用有色的蛋卷，加以花边的装饰，此菜便会变得斑斓艳丽、生机勃勃。恰到好处地运用花边装饰技术还能弥补盛器的缺陷，使菜肴重生光辉，美化菜肴，使重点菜更加突出，增进人们食欲。

3. 色彩和造型的补充作用

菜肴装饰可衬托菜肴气氛，使之更加吸引人，因此对于菜肴创新，装饰很关键。例如，蟹粉豆腐如果在盛装时，选择的盛器不能突出菜肴的色、形，就必须用花边来加以补充，给它加上一个"凤尾花边"，整个菜肴便会变得丰富多彩，让人望而欲食。虎皮扣肉装盘时在盘边配上碧绿的菜心，组成兰花图案，整个菜肴的色彩、造型就会显得清新悦目，使人垂涎欲滴。清炒虾仁放在白色的没有装饰的盘子中，就会显得单调，如果用黄瓜、胡萝卜切成片整齐地排围在虾仁四周，整个菜肴会变得鲜艳、活泼、诱人。把醉鸡斩切装盘后，在中间放上二三枚红樱桃，再放上两三片过水的芹菜叶，在酸甜莲藕上用小菱形山楂片对上三四朵小兰花，虽然是些小点缀，但可一扫单调乏味之感，给人带来一片生机。菜肴装饰基本原理是采取对比手法，即通过生与熟、大与小、红与黑、上与下等的对比，达到美化菜肴的目的，还可弥补菜肴在制作和装盘过程中的不足。

4. 调剂口味的作用

菜肴装饰可作为口味的补充，能使整个菜肴具有多种风味。制作精良的菜装盘饰不仅可以提高菜肴的品位，还可以引起人们的食欲。例如，双冬鸭片这道菜用柴把鸭子做花边，清炒虾仁用干煎虾饼做花边等，都避免了菜肴口味的单一。对有些数量不多或价格较贵的菜肴，如龙井鲍鱼等，在盛装时如果选用的器皿很大，则显得菜很少；如果选用的器皿较小，又显得小气；为了缓解这一矛盾，可以采用菜肴花边装饰方法，即给大盘子加上一个十分精致的花边，把菜肴集中放在盘子中间，这样既显得丰满，又不降低规格。

5. 合理营养搭配的作用

中餐菜肴装饰的原料多是可食性的植物性原料，它所装饰的菜肴又多是动物性原料，起到荤素搭配、平衡营养的功效。

另外，菜肴装饰还能减少资源浪费，提高效益。富有寓意的菜肴装饰可以渲染和活跃筵席的就餐气氛，为人们增添快乐、愉悦的情趣。

二、菜肴装饰的类型

菜肴的种类繁多，菜肴装饰也不尽相同，点缀物的品种、造型繁多，一般采用对称、旁衬、围衬、覆盖、点缀等方法对菜肴进行美化，可体现菜肴的整体美和内在美。归纳起来，菜肴装饰有以下几种类型：

1. 点缀式造型围边

点缀式造型围边（又称围边、边缘点缀）是根据菜肴的特点，把少量天然原料加工成一定形状后，放在餐盘的边缘或者围在菜肴四周或一旁，给予菜肴恰如其分的修饰或衬托，提高菜肴的美感度，满足人们的视觉需求。如凤尾形黄瓜片、捆扎的柴把、红绿樱桃及刻制的平面花形等。点缀原料一般放在圆盘的等分点上，腰盘一般放在椭圆的中心对称位置上。装饰物应与菜肴内容相结合，如川菜常用红辣椒做边缘点缀。点缀式造型围边的特点是：注重色彩的合理搭配，形式比较随意，应用范围较广（如花色冷菜、热菜、席间面点等）。

（1）局部点缀式造型围边

局部点缀式造型围边（图 8-5）又称边角式造型围边、角花，是指用烹饪原料（如水果类、蔬菜类等）加工成一定形状后，以菜肴为主体，在盘子一边或一角摆出点缀样式，以渲染气氛、美化菜肴。菜肴装盘时，在菜肴的表面、盘面露白处进行局部点缀，可突出菜肴的整体美。盘面空白处常用食雕花卉及各种叶类蔬菜加以装饰。局部点缀式造型围边的特点是：简洁、明快、易做，灵活简便，可通过配色、补白手法对菜肴进行装饰；使用频率较高，对菜肴造型的限制较少，通常适用于装饰整型的菜品（如烤羊腿、八宝鸡、火烤鳜鱼、酿烧牛蹄、烤鸭等）。例如，用番茄和香菜叶在盘边做成月季花花边；用番茄、柠檬切成兰花片与芹菜拼成菊花形镶边；在汤菜汤面上点缀一对用蛋泡塑造的鸳鸯，可使菜肴富有情趣。点缀时应符合色彩的调配规律，这样才能达到和谐统一、美化菜肴的目的。

图 8-5 局部点缀式造型围边（海南文昌鸡）

热菜菜品表面装饰之覆盖点缀

对热菜菜肴主体可用各种可食性原料加以美化点缀。

所谓覆盖点缀，是指在菜肴的表面及其周围，用点缀物加以覆盖，以使菜肴美化。覆盖点缀除了可以美化菜肴，还有以下两个作用：一是补充调味作用，如梁溪脆鳝，成菜后用姜丝覆盖点缀，既增加了色彩，又起到调味的作用；二是弥补菜肴在制作中的不足，如制作整鱼时，鱼皮受损，装盘后，对鱼的表面进行覆盖点缀，能达到以美遮丑的效果。

（2）非对称点缀式造型围边

非对称点缀式造型围边（图 8-6）又称三点式、鼎足式，是指将烹饪原料加工成一定形状后，以菜肴为主体，在盘边摆出不对称的点缀样式，以渲染气氛，烘托美化菜肴。常见的由三个、五个点缀物组成，主要适用于圆盘盛装的丝、片、丁、条或花刀块等形状且汤汁少的菜肴。

图 8-6　非对称点缀式造型围边（酱爆鸡丁）

（3）对称点缀式造型围边

对称点缀式造型围边又称对称点缀法，是指将烹饪原料加工成一定形状后，以菜肴为主体，在盘中做出形状同样大小、排列距离相等、同样色泽的相对称的点缀物，以渲染气氛、美化菜肴。其适用于椭圆腰盘（如鱼盘、条盘）盛装菜肴时装饰。对称点缀式造型围边的特点是：刀工精细，选料恰当，拼摆对称协调，简单易掌握。厨师可以根据不同菜肴的要求，选择不同的对称点缀式造型围边方法。

1）单对称点缀式造型围边。单对称点缀式造型围边即在餐盘的两边（两端）摆上大小一致、色彩相同，且形态对称的点缀样式，使之协调美观。如用黄瓜切成连刀边，隔片卷起，放在盘子两端，每两片缝中嵌入一颗红樱桃，做成对称花边等。它一般适用于整料的菜肴，如片皮乳猪、八宝鸭子等。

2）交叉对称点缀式造型围边。交叉对称点缀式造型围边又称双点对称式点缀，就是在餐盘的周边摆上两组对称点缀样式的摆放方法，其中每组点缀样式的颜色、大小、规格应相一致。

3）多对称点缀式造型围边。多对称点缀式造型围边就是在餐盘的周边摆上两组或两组以上的点缀样式，每组之间距离要求相等。在实际应用时需要注意围边样式的规格大小、品种，不宜选用立体雕刻的点缀样式，否则会给人以烦琐、喧宾夺主之感，宜用一些小型平面雕切几何体或小型动物、小草、小花等。常见的由四个、六个、八个点缀造型组成。

在进行交叉和多对称点缀时还应注意以规格对称的餐具为宜，一些不规则的或象形餐具不宜作此类点缀。

（4）中心点缀式造型围边

中心点缀式造型围边又称中央式围边、中心点缀法、中心摆入法，是指用烹饪原料（如水果类、蔬菜类、面点等）加工成一定形状后放置在盘子的中央，以菜肴为主体，呈放射形排放（或中心对称排列）式样。

中心点缀式造型围边根据菜点造型和盛器形状，多采用立体围边样式摆放在盘子的中心，以突出意趣或主题，以渲染气氛、烘托美化菜肴。立体雕刻要求技术水平较高，不能粗制滥造，否则会令人生厌。如“一品素烩”以素食中珍贵的三菇六耳为原料，盘内中心装饰物是一个萝卜整雕品——双腿盘坐的罗汉，装饰寓意“佛门吃素”。对菜肴进行装饰，能把散乱的菜肴有计划地堆放和盘中心拼花的装饰统一起来，使其变得美观。其适用于单个成型菜肴（如冷菜和酥炸类菜肴等），或适宜放置蒸制菜肴和炸制菜肴，一般呈中心对称排列，如用玉米笋、荷兰芹、胡萝卜、樱桃等原料在盘中心拼成花饰等。

热菜菜品装饰之中心装饰

1）中心覆盖法。这种方法适用以向心式或离心式构图的菜肴。如素什锦的原料五颜六色，各种原料呈扇形一次排列组成一个圆，圆心处用香菇或银耳等加以覆盖点缀，能取得整齐划一的效果。

2）中心扣入法。两种菜谱同装一盘，将其中一菜码碗定型，蒸熟后扣入盘的中央，另一菜摆周围。如鱿鱼蛋卷，将蒸制的蛋卷改刀码碗，掺汤调味，蒸制后滗去汤汁扣入盘中，四周摆上烹制入味的鱿鱼，两菜交相辉映，美观大方。

3）中心堆叠镶嵌法。如莲蓬豆腐，将鹌鹑蛋逐个倒入调匙内蒸制定型作花瓣，用鸡蓉糊作黏合剂，在圆盘中央堆叠成荷花状，主料莲蓬豆腐摆周围，上笼蒸熟后再浇以清汤即可。

（5）点缀分隔式造型围边

点缀分隔式造型围边又称分割式围边、分隔点缀式、分割点缀式，是指用烹饪原料加工成一定形状后，以菜肴为主体，在盘中做一个点缀装饰，两侧做出同样大小、同样色泽的相对称的装饰带，能把散乱而两种味型的菜肴有计划地堆放一起，使其形状美观且互不串味。其适用于两个或两个以上口味的菜肴，一般采用中间隔断或将圆盘分为三等份的式样较多，适宜放置煎炸、滑炒等菜肴。

2. 环围式造型围边

环围式造型围边又称镶边、包围式，是指根据烹饪原料的不同颜色，加工成一定形状后，在菜肴周围或盛器内围摆成一定的图案，以提高菜肴的出品外观美感度，满足人们的视觉。其特点是：能增加菜肴的美感，稳定菜肴的位置，还可增加菜肴装盘后的象形感。围成的形状有几何图案，如圆形、三角形、菱形等。用于热菜围边的原料以熟制热吃为主（如滑炒等菜肴），它适用于单一口味的菜肴盘饰。

环围式造型围边可分以下几种类型：

（1）半围式造型围边

半围式造型围边又称半围式点缀、边花，是指用烹饪原料（如水果类、蔬菜类等）加工成一定形状后，以菜肴为主体，摆在盘子一边或一侧点缀装饰，以渲染气氛、美化菜肴。其特点是：不对称但协调，没有固定的形态规律，一边装饰另一边盛装菜肴恰到好处。半围式造型围边主要适用于圆盘或鱼盘，也适用于装饰各种类型的菜肴。制作时要掌握好盛装菜肴和装饰品的分量比例、形态比例和色彩比例，可根据菜肴形态的需要进行装饰。半围式点缀装饰造型约占盘周的 1/3，主要是追求某种主题和意境来美化菜肴，以突出主料，如用 10 只象形小鸡半围鱼米，以突出主料。

（2）点围式造型围边

点围式造型围边又称点缀围边造型，是指用烹饪原料加工成一定形状后，以菜肴为主体，先在盘子边点缀一个立体装饰，然后再围摆装饰，以渲染气氛、美化菜肴。其特点是：色泽鲜艳，造型美观，想象力丰富。

（3）全围式造型围边

全围式造型围边是一种常用的点缀方法，又称围花、围边、包围式、全围点缀法、全包围点缀、全围点缀摆放法，是指将烹饪装饰原料加工成一定形状（如片、丝、条等）后，沿盘边摆放，以菜肴为主体，把菜品围在盘中间。

全围式造型围边可以起到弥补菜品装饰造型不足或不便的作用，如清炒肉丝、滑炒鱼米等。在操作中菜品装饰原料要求加工大小、厚薄、颜色一致，围摆均匀，整齐美观，同时还应注意其整体比例、规格、数量，应与菜肴相协调，避免主次不分。全围式造型围边常用于单一口味、原料形小为主的菜肴盘饰，一般适用于滑炒等菜肴，围出的菜肴比用其他点缀更整齐、美观，但刀工要求也较严格。其适于圆盘的装饰，围成的形状有几何图案，如圆形、三角形、菱形等。如将煮熟去壳的鹌鹑蛋沿中线用尖刀锯齿状刻开，围在盘子四周。

热菜菜品装饰之以菜围边装饰

以菜围边是指用两种不同烹饪原料分别烹调成菜后，以一菜围住另一菜的形式同装一盘，或用配料镶出图案框架，主料填充其间。一般主菜置于盘中，配菜作围边，配菜起添加色彩、调剂口味、美化菜肴的作用。如香菇菜心用菜心围边或用煮熟的鸽蛋与菜心间隔围边，使菜肴白、绿、黑三色相间。这种形式比较活泼，有一定的节奏感。

（4）象形环围式围边

象形环围式围边又称拼摆式盘饰、平面象形式、图案式围边、象形点缀，就是利用原料固有的形状和色泽，运用各种刀具采用切拼、排放、拼摆等特殊的操作技法及构图艺术手法，将原料在器皿内围摆成各种平面象形纹样物体图案，然后将所制作的菜肴填入其内。

象形环围式围边从整体菜肴的外观上给人一种形象逼真的感觉。在选择原料时要注意原料的色彩与菜肴的色彩是否协调，如果颜色过于接近或反差过大，就会影响菜肴的整体质量。如宫灯虾仁用煸炒的青椒丝围成宫灯的轮廓，再配以蛋白糕雕刻的灯口，用胡萝卜切丝作灯穗，然后将烹制后的虾仁盛入其间，整体成宫灯形；或用黄瓜、玉米笋、胡萝卜、樱桃、蛋皮丝等拼成宫灯图案花边等。在制作象形环围式围边时，采用切拼法拼摆成的各种图案最好与菜肴主体相呼应。如年年有鱼这道菜，可制作一个鲤鱼戏水的菜肴盘饰，这样不仅对菜肴做了点缀，且富有寓意，可谓两全其美。象形环围式围边的特点是：选料精细，拼摆讲究，造型美观逼真、高低错落有致、色彩搭配协调和谐。它能起到烘托菜肴、美化席面、渲染气氛的作用。拼摆式盘饰由于选料广泛，拼摆手法工艺操作简便，能组合成各种平面纹样图案，所以使用频率较高。

3. 菜点器皿造型装饰

菜点器皿造型装饰又称雕刻式盘饰、立体盘饰、立体象形式，就是利用烹饪原料固有的形状和色泽，采用雕刻、拼装等技法，将其雕刻成各种象形的立体盛装器皿和平面盘饰相结合的点缀式样的图案，用于盛装菜肴、美化菜肴。雕刻所用的原料是质地脆嫩的瓜果蔬菜，制作时需要特殊的雕刻工具，运用切、雕、染、砌等技法，做成花、鸟、鱼、虫等象征吉祥的作品，放入盘中用以点缀和衬托菜肴，制作费时且难度较大。这种品位较高的盘饰，需要操作者有较高的技艺，一般适用于主桌和主菜，或高档宴席的菜肴。菜点器皿造型装饰必须根据菜肴的原料、形态、色泽、菜名等特点精心设计。

实训8-1 制作5种菜肴围边造型

菜肴围边是厨师基本功之一，也是从事厨房初始岗位必备技能之一。

1. 工作准备

雕刻刀、片刀、胡萝卜、黄瓜、西红柿、圣女果、西芹、青红椒。

2. 实训流程

构思围边造型→制作各种形状或者小花→菜肴围边→整理备用。

3. 操作步骤

1）制作蝴蝶边（图 8–7）。

2）制作波浪丝（图 8–8）。

图 8–7 蝴蝶边

图 8–8 波浪丝

3）制作小兔（图 8–9）。

4）制作四瓣小花（图 8–10）。

图 8–9 小兔

图 8–10 四瓣小花

5）制作菱形片（图 8-11）。

图 8-11 菱形片

6）根据构思围成 5 种造型。

7）同学之间进行比赛。

4. 交流与反思

1）菜肴围边的作用有哪些？

2）菜肴围边可以用哪些原料？

5. 实训考核（表 8-1）

表 8-1 菜肴围边造型实训考核

项目	围边原料是否干净	整体图案构造恰当	围边造型图案是否美观	图案组合是否多样	合计
标准分	20	25	25	30	100
扣分					
实际得分					

参考文献

[1] 许启东. 中式烹调技艺[M]. 重庆：重庆大学出版社，2015.

[2] 河南省职业技术教育教学研究室. 中式烹调技艺[M]. 北京：电子工业出版社，2014.

[3] 冯吉年，任俊，沈海军. 中式烹调技艺[M]. 成都：电子科学技术大学出版社，2020.

[4] 邹伟，李刚. 中式烹调技艺[M]. 北京：高等教育出版社，2019.

[5] 邵志明. 中式烹调技艺[M]. 北京：中国旅游出版社，2021.